Introduction

The Mediterranean Theater of Operations

Republic P-47 Thunderbolt underwent combat debut in spring 1943 over western Europe. In the MTO it arrived by the year's end, to replace the aging P-39s and P-40s. At that time there were two American air forces stationed in Italy, the tactical 12th AF and the strategic 15th AF. By VE-Day the former had six P-47 fighter groups on strength (each three squadrons strong): 27th, 57th, 79th, 86th, 324th and 350th FG. Also 15th AF temporarily equipped

Śródziemnomorski teatr działań

Republic P-47 Thunderbolt debiutował bojowo wiosną 1943 roku nad zachodnią Europą. Na śródziemnomorskim teatrze działań (MTO) pojawił się dopiero pod koniec roku. Od listopada 1943 roku na terenie Włoch działały dwie amerykańskie armie powietrzne: taktyczna 12. AF i strategiczna 15. AF. Do końca wojny w skład tej pierwszej weszło sześć grup myśliwskich Thunderboltów (każda po trzy dywizjony): 27., 57., 79., 86., 324. oraz 350. FG. Na

The 57th FG's armourer loads ammunition into wing bays; Italy, 1944.
Zbrojmistrz uzupełnia amunicję w jednym z samolotów 57. FG; Włochy, 1944 rok.

F/O Herbert Hansen of 64th FS / 57th FG lies prone in the air intake of his Thunderbolt's engine to demonstrate just how huge an aircraft he flies.

F/O Herbert Hansen z 64. FS / 57. FG pozuje leżąc we wlocie powietrza do silnika swojego Thunderbolta. To ujęcie daje wyobrażenie, jak wielki był to samolot.

with Thunderbolts two of its fighter groups, 325th and 332nd.

The first P-47 operator in the Med was 57th FG, which took out their P-47s for the first time on 5th December 1943. The 325th FG, also a former P-40 outfit, flew its premier Thunderbolt mission – escort to bombers hitting Luftwaffe airfield at Kalamaki in Greece – soon after, on 14th December. The 325th was already the top-scoring USAAF fighter group in the MTO, with 135 victories over German and Italian aircraft before it converted to P-47s.

The first P-47 victories in the MTO were scored by 57th FG; on 16th December 1943, near Trpanj in Croatia, Lts. Alfred Froning and Harold Monahan each got two Bf 109s. The 325th FG, in turn, drew first blood in Thunderbolts on 30th December 1943 – over Pescara F/O Richard Catlin and Lt. Clarence Greene claimed a Bf 109 apiece.

The 325th flew its most outstanding Thunderbolt mission on 30th January 1944, against the Luftwaffe and ANR airbase at Villorba in northern Italy. At the time of the attack the German and Italian fighters were about to scramble to intercept the incoming bombers, while other aircraft (transport, utility and liaison machines) were flying away to sit out the raid

Thunderboltach służyły przejściowo również 325. i 332. FG ze składu 15. AF.

Pierwszym użytkownikiem P-47 w basenie Morza Śródziemnego była 57. FG, która debiutowała na Thunderboltach 5 grudnia 1943 roku. Czternastego grudnia 1943 roku swój pierwszy lot bojowy na P-47 – osłonę bombowców atakujących lotnisko Luftwaffe w Kalamáki w Grecji – wykonała 325. FG, również była jednostka Warhawków. Już wtedy 325. FG była najskuteczniejszą amerykańską grupą myśliwską na południu Europy (do czasu przezbrojenia na Thunderbolty zapisała na swoje konto zestrzelenie 135 niemieckich i włoskich samolotów).

Pierwsze zwycięstwa na P-47 na śródziemnomorskim teatrze działań odnieśli piloci 57. FG – 16 grudnia 1943 roku, w rejonie Trpanj w Chorwacji, zestrzelili sześć nieprzyjacielskich samolotów (w tym porucznicy Alfred Froning i Harold Monahan po dwa Bf 109). Z kolei 325. FG zdobyła pierwsze zwycięstwa na nowych samolotach 30 grudnia 1943 roku nad Pescarą – F/O Richard Catlin i Lt. Clarence Greene zestrzelili po jednym Bf 109.

Swój najsłynniejszy lot bojowy na Thunderboltach 325. FG wykonała 30 stycznia 1944 roku, przeciwko bazie Luftwaffe i ANR w Villorba w północnych Włoszech. W chwili ataku niemieckie i włoskie myśliwce właśnie szykowały się do startu na przechwycenie zbliżających się amerykańskich bombowców, a pozostałe maszyny (transportowe, obserwacyjne i łącznikowe) odlatywały na inne lotniska, by uniknąć nalotu. Zaskoczenie było kompletne; piloci 325. FG wywalczyli fenomenalny wynik – 37 zestrzeleń.

W marcu 1944 roku 79. FG, kolejna po 57. FG jednostka ze składu taktycznej 12. AF, rozpoczęła wymianę swoich P-40 na Thunderbolty. Pierwszy lot bojowy na nowym typie samolotu – patrol nad przyczółkiem w Anzio – 79. FG wykonała 9 marca 1944 roku. Pierwsze zwycięstwa na Thunderboltach wywalczyła 17 marca, gdy porucznicy Carl Stewart i Charles Defoor przechwycili nad Roccasecca (niedaleko Monte Cassino) obładowane bombami Bf 109 i zestrzelili po jednym.

Od 19 marca przez kolejne sześć tygodni wszystkie dostępne siły 12. AF brały udział w operacji „Strangle", której celem było niszczenie sieci kolejowej na północ od Rzymu i odcięcie niemieckich sił we Włoszech od posiłków. Pod koniec marca 1944 roku 57. FG przeniosła się na Korsykę. Stamtąd Amerykanie mieli w zasięgu południową Francję i północną część Półwyspu Apenińskiego, a zwłaszcza rozległą dolinę Padu, gdzie zbiegały się szlaki komunikacyjne wiodące do Włoch z całej okupowanej Europy.

Ground crew paint yellow and black checkers on the tail of a Thunderbolt belonging to 325th FG, also known as the Checkertail Clan.

Obsługa naziemna maluje na ogonie Thunderbolta 325. FG żółto-czarną szachownicę, od której ta jednostka wzięła swój przydomek *Checkertail Clan*.

somewhere else. The surprise was complete, and the 325th scored sensationally – 37 victories.

In early 1944 enough P-47s became available to reequip 79th FG, which flew its first mission on the type – a combat patrol over Anzio beachhead – on 9th March 1944. The group scored first P-47 victories on 17th March, when over Roccasecca (near Monte Cassino) Lts. Carl Stewart and Charles Defoor jumped bomb-laden Bf 109s and shot down one apiece.

Beginning with 19th March, for the next six weeks the entire 12th AF participated in operation Strangle, aimed at destroying the railway north of Rome and cutting off German forces in Italy from supplies and reinforcements. In late March 1944, 57th FG moved to Corsica. From there it could cover southern France and northern Italy, especially the wide Po Valley, where communication lines to Italy converged.

At the turn of May and June 1944 fighter units of the 15th AF, needing more range, began transition to

Na przełomie maja i czerwca 1944 roku zaszły istotne zmiany w składzie myśliwców strategicznej 15. AF. Dwudziestego czwartego maja 325. FG wykonała ostatni, 97. lot bojowy na Thunderboltach, eskortując ciężkie bombowce 15. AF, które tego dnia wzięły na cel lotnisko Wöllersdorf w Austrii. Kolejne loty eskortowe 325. FG wykonywała już na Mustangach, które dysponowały dużo większym zasięgiem. W trakcie swojej zaledwie paromiesięcznej służby na Thunderboltach, 325. FG odniosła znaczne sukcesy, zapisując na swoje konto 154 zwycięstwa.

Wiele Thunderboltów 325. FG trafiło do 332. FG, jedynej jednostki USAAF złożonej z Afroamerykanów. Z powodu uprzedzeń rasowych wyższego dowództwa i polityków w Waszyngtonie, do czasu przezbrojenia na P-47 ta jednostka wykonywała drugorzędne zadania patrolowe, latając na przestarzałych P-39 Airacobra. Ostatniego dnia maja 1944 roku 332. FG została formalnie przeniesiona do 15.

Thunderbolts of 345th FS / 350th FG cruising over Italy.
Thunderbolty 345. FS ze składu 350. FG w locie nad Włochami.

P-51 Mustangs. On 24th May 325th FG flew its last, 97th mission on Thunderbolts, an escort to heavy bombers heading for Wöllersdorf airfield in Austria. During its brief acquaintance with P-47s the group was highly successful, racking up 154 victories.

Many Thunderbolts of 325th FG ended up in 332nd FG. The latter group, due to racial bias in the upper echelons and among some politicians in Washington, had been held in the rear, flying humdrum patrols. On the last day of May 1944 it was formally transferred to 15th AF. On 19th June the group scored its only Thunderbolt victories – while escorting B-24s heading for Munich, it clashed in Udine area with Bf 109s and bagged five. The group's another success was sinking an ex-Italian torpedo boat taken over by the Germans. On 25th June 1944 the ship, strafed by five P-47s, exploded and sank. At the end of the month 332nd FG began to convert to Mustangs, flying the last Thunderbolt mission on 30th June.

In June 1944 Thunderbolts were issued to 27th and 86th FGs, which hitherto had flown A-36 Apaches and (shortly) P-40s. Meanwhile, in mid-June 79th FG followed the steps of 57th FG, moving to Corsica. On 18th July pilots of 324th FG flew the last combat mission of American P-40s in Europe (the RAF con-

AF i rozpoczęła loty eskortowe w osłonie ciężkich bombowców. Dziewiątego czerwca 1944 roku zdobyła swoje jedyne zwycięstwa na P-47. Tego dnia, eskortując Liberatory 15. AF zmierzające nad Monachium, starła się w rejonie Udine z Messerschmittami 109 i zestrzeliła pięć. Kolejnym sukcesem 332. FG było zatopienie okrętu nieprzyjaciela. Przejęty przez Niemców, ekswłoski torpedowiec został zaatakowany 25 czerwca 1944 roku na Morzu Adriatyckim. W wyniku zmasowanego ognia broni pokładowej pięciu P-47 okręt eksplodował i zatonął. Pod koniec miesiąca 332. FG rozpoczęła wymianę samolotów na Mustangi. Ostatni lot bojowy na Thunderboltach wykonała 30 czerwca.

W czerwcu 1944 roku w Thunderbolty wyposażono dwie kolejne jednostki 12. AF – 27. i 86. FG – które uprzednio latały na A-36 Apache (i przejściowo na P-40). Tymczasem w połowie czerwca 79. FG ruszyła śladem 57. FG, przenosząc się na Korsykę. Osiemnastego lipca 1944 roku piloci 324. FG wykonali ostatni lot bojowy amerykańskich P-40 w Europie (we Włoszech ten typ samolotu nadal używał RAF). Dzień później jednostka zostawiła wysłużone Warhawki na kontynencie i przeniosła się na Korsykę, gdzie przezbroiła się na P-47. Do połowy 1944 roku na Korsyce stacjonowały już

A ground crewman of 346th FS / 350th FG puts finishing touches to the squadron's badge – Goofy in a stylized Thunderbolt under antiaircraft fire.

Członek obsługi naziemnej z 346. FS / 350. FG maluje dywizjonowe godło – Psa Goofy w stylizowanym Thunderbolcie pod ogniem artylerii przeciwlotniczej.

tinued to use the type in Italy). The following day the group transferred to Corsica, where it received Thunderbolts. By mid-1944 all Thunderbolt units of the 12th AF were stationed there. At the turn of July and August 1944 they carried out numerous attacks on Luftwaffe airfields in southern France in preparation for the forthcoming invasion. Operation Dragoon, the Anglo-American landings on the French coast of the Mediterranean, went underway on 15th August 1944. Simultaneous operations over southern France and northern Italy demanded that 12th AF split its Thunderbolt forces. The 57th and 86th FGs continued interdicting rail traffic in the Po Valley. Meanwhile, in late August 79th FG, followed by 27th and 324th FGs in September, moved to the French Riviera to support the drive into France. Their attacks all but wiped out the German army retreating to the north, up the Rhone valley.

At the turn of August and September 1944 Thunderbolts were issued to 350th FG, which until that time had flown Airacobras. In the autumn of 1944,

wszystkie Thunderbolty 12. AF. Stąd na przełomie lipca i sierpnia 1944 roku wykonywały liczne ataki na lotniska Luftwaffe w południowej Francji w celu zneutralizowania lotnictwa przeciwnika na tym obszarze przed mającą wkrótce nastąpić inwazją.

Operacja „Dragoon", brytyjsko-amerykańskie lądowanie na francuskim wybrzeżu Morza Śródziemnego, ruszyła 15 sierpnia 1944 roku. Jednoczesne operacje na południu Francji i w północnych Włoszech podzieliły siły 12. AF. Thunderbolty 57. i 86. FG kontynuowały ataki na linie kolejowe przeciwnika na terenie Półwyspu Apenińskiego. Głównym obszarem ich działań była rozległa dolina Padu. Tymczasem pod koniec sierpnia 79. FG, a we wrześniu 27. i 324. FG, przeniosły się na francuską riwierę, by swym potencjałem wspierać natarcie w głąb Francji. Ich ataki między innymi uniemożliwiły Niemcom wycofanie się na północ, w górę doliny Rodanu.

Na przełomie sierpnia i września 1944 roku na Thunderbolty przezbroiła się 350. FG, latająca do tej pory na Airacobrach. Jesienią 1944 roku, po zwycięskiej bitwie o Francję, do Włoch wróciły 27. i 79. FG. Na terenie Francji pozostała tylko 324. FG, która w listopadzie 1944 roku została włączona w skład francusko-amerykańskiej 1. TAF (*Tactical Air Force*). Tymczasem 79. FG oddano do dyspozycji Brytyjczykom, którym brakowało myśliwców bombardujących tej klasy co Thunderbolty. Podobnie jak Kittyhawki z 239. Skrzydła RAF, z którymi Amerykanie dzielili leżące nad Adriatykiem lotnisko w Jesi, 79. FG często wyprawiała się przeciwko szlakom żeglugowym i portom na wybrzeżu Jugosławii. Na początku listopada 1944 roku Thunderbolty 12. AF wzięły intensywny udział w operacji „Bingo", której celem było przerwanie strategicznej linii kolejowej Innsbruck – Werona. Tą trasą, która przez przełęcz Brenner łączyła Austrię z Włochami, Niemcy transportowali gros zaopatrzenia dla swoich wojsk w dolinie Padu.

Chociaż od połowy 1944 roku opór w powietrzu był znikomy, a nieliczne jednostki ANR zwykle ustępowały pola Amerykanom, na terenie Włoch wciąż aktywnie działały nocne bombowce Luftwaffe. Ich bazy stanowiły do końca wojny w Europie cel Thunderboltów 12. AF. Również siły ANR były sukcesywnie rozbijane na ziemi. Wypady Thunderboltów na lotniska ANR przeprowadzone pod koniec 1944 roku należały do najbardziej spektakularnych. Na przykład 24 grudnia osiem maszyn z 350. FG zaatakowało lotnisko Thiene na północ od Vicenzy, gdzie stacjonowała tu *2º Gruppo Caccia*, w tym czasie jedyna większa jednostka myśliwska państw Osi na terenie Włoch. Na ziemi spłonęło 14 fabrycznie nowych Bf 109G-14; ten nalot pozbawił siły ANR

Lieutenant Charles Harris, the pilot of *Joyce's Joy II*, looking very much rejoiced to have made it back to base in the badly shot-up machine.

Porucznik Charles Harris, pilot *Joyce's Joy II*, pozuje do zdjęcia dokumentującego szczęśliwy powrót do bazy poważnie uszkodzonym samolotem.

Jane's Playboy of 86th FS / 79th FG, loaded with extra fuel, fragmentation bombs and rocket missiles, ready for anything that may come by.

Jane's Playboy z 86. FS / 79. FG przygotowany na każdą ewentualność: pod kadłubem dodatkowy zbiornik na paliwo, pod skrzydłami wyrzutnie pocisków rakietowych i wiązki bomb odłamkowych.

after the battle for France was won, 27th and 79th FGs returned to Italy. Only 324th FG remained in France, and in November 1944 it joined the Franco-American 1st Tactical Air Force. In the meantime 79th FG was put at the disposal of the British, who lacked a fighter-bomber of that class. The group, stationed with Kittyhawks of No 239 Wing RAF at Iesi, often ventured over the Yugoslavian coast to attack enemy ports and shipping. In early November Thunderbolts of the 12th AF were heavily engaged in operation Bingo, aimed at blocking off the strategic railway line Innsbruck – Verona, which links Austria with Italy through the Brenner Pass. The Germans used this line extensively to supply their forces in the Po Valley.

Beginning with mid-1944, opposition in the air over Italy was on the wane, and the few ANR units were no match for the Americans. However, the Luftwaffe night bombers were still active. Their bases became priority targets for the 12th AF Thunderbolts. Also the ANR forces were being steadily wiped out on the ground. The raids carried out in late 1944 were among the most spectacular. On 24th December eight machines of 350th FG descended upon Thiene airbase, north of Vicenza, which housed *2º Gruppo Caccia*, at that time the only major Axis fighter unit in Italy. The Thunderbolts destroyed 14 factory-fresh Bf 109 G-14s on the ground, knocking out one forth of the ANR fighter force. Two days later the same fate befell a dozen Savoia Marchetti S.79s of Tor-

jedną czwartą wszystkich samolotów myśliwskich. Dwa dni później podobny los spotkał 14 samolotów Savoia Marchetti S.79 z Grupy Torpedowej „Faggioni", zniszczonych w czasie ataku Thunderboltów na lotnisko Lonate Pozzolo niedaleko Mediolanu.

W lutym 1945 roku 27. i 86. FG, podobnie jak wcześniej 324. FG, dołączyły do składu francusko-amerykańskiej 1. TAF i przeniosły się do Francji. We Włoszech do końca wojny pozostały trzy jednostki Thunderboltów: 57., 79. i 350. FG. Kolejną większą operacją, do której zaangażowano Thunderbolty 79. FG, były ataki na szlak kolejowy pomiędzy stolicą Słowenii Ljubljaną a Klagenfurtem. Tą drogą od połowy lutego do połowy marca 1945 roku Niemcy przerzucali swoje wojska z Jugosławii na zagrożony przez natarcie Armii Czerwonej odcinek frontu w Austrii.

Drugiego kwietnia 1945 roku piloci Thunderboltów 12. AF stoczyli ostatnie duże starcie w powietrzu, zadając włoskim myśliwcom ciężkie straty. Tego dnia 24 samoloty z 350. FG ubezpieczały B-25 bombardujące cele w rejonie przełęczy Brenner. Na przechwycenie Amerykanów z lotnisk w Aviano i Osoppo wystartowało 27 Bf 109 z *2º Gruppo Caccia*. Z powodu zamieszania w szeregach Włochów, zdezorientowanych awarią maszyny dowódcy, Thunderbolty zajęły dogodną pozycję do ataku i praktycznie wystrzelały rozproszoną formację przeciwnika. W sumie pilotom 350. FG zaliczono po tej walce 10 zwycięstw, bez strat własnych.

Lt. Mullins of 1st Air Commando Group taxiing out. His Thunderbolt carries South East Asia Command theater markings: blue cowl and blue bands on the wings and tail surfaces.

Porucznik Mullins z 1. Air Commando Group kołuje na start. Jego Thunderbolt nosi typowe oznaczenia samolotów South East Asia Command: niebieski przód osłony silnika oraz niebieskie pasy na skrzydłach, statecznikach i sterach.

pedo Group Faggioni, destroyed by Thunderbolts at Lonate Pozzolo airfield near Milan.

In February 1945, as the focus shifted back to western Europe, 27th and 86th FG moved to France, joining 324th FG in the Franco-American 1st TAF. Three Thunderbolt groups remained in Italy until the end of the war in Europe: 57th, 79th and 350th. Another major operation which involved 79th FG had as its objective the railway line running from Ljubljana (the capital of Slovenia) to Klagenfurt. From mid-February to mid-March 1945 the Germans used this line to rush their troops from Yugoslavia to the frontline in Austria endangered by the Red Army's advance.

On 2nd April 1945 the Italian-based Thunderbolts fought their last major engagement in the air. That day 24 machines of 350th FG escorted B-25s bombing targets in Brenner Pass area. The ANR scrambled 27 Bf 109s of *2º Gruppo Caccia* to intercept them. Due to a momentary confusion among the Italian pilots, caused by a mechanical failure of their commander's aircraft, the P-47s moved into a favourable position and pounced on their scattered opponents. The Americans were credited with 10 victories, for no losses of their own.

Ostatnim akordem w wojnie Thunderboltów z Luftwaffe na terenie Włoch były ataki na lotnisko w Bergamo, gdzie nadal stacjonowała między innymi niemiecka jednostka specjalna Kommando Carmen. Dwudziestego czwartego kwietnia 1945 roku cztery Thunderbolty z 350. FG pod dowództwem Lt. Raymonda Knighta ogniem kaemów zniszczyły znajdujące się na lotnisku Ju 88 i 188. Knight był jednak przekonany, że w trakcie ataku pominął kilka zamaskowanych samolotów. Następnego dnia wrócił więc nad Bergamo. Tym razem jego samolot został trafiony przez broniący lotniska Flak. Próbując doprowadzić uszkodzoną maszynę do bazy, Knight rozbił się w górach i zginął. Pośmiertnie przyznano mu Medal Honoru, najwyższe amerykańskie odznaczenie za odwagę na polu bitwy.

Zaciekłe walki we Włoszech trwały do końca kwietnia 1945 roku. W dniach 16-20 kwietnia wyróżniła się 79. FG, która wspierając natarcie brytyjskich wojsk na Bolonię i Ferrarę, rozbiła niemiecką obronę na linii rzeki Santerno. Ostatnim alianckim pilotem, który zginął we Włoszech podczas działań bojowych, był Maj. Edward Gabor, dowódca 345. FS ze składu 350. FG, zestrzelony 1 maja 1945 roku w czasie ataku na cele naziemne w rejonie Udine.

As the war in Italy drew to a close, the 12th AF Thunderbolts focused on Bergamo airfield, which housed, among others, Kommando Carmen, a special-purpose Luftwaffe unit. On 24th April 1945 four Thunderbolts of 350th FG led by Lt. Raymond Knight strafed Ju 88s and 188s stationed there. Knight was convinced that he had overlooked several well-camouflaged bombers. The following day he went back to Bergamo to finish the job. This time he was hit by the Flak defending the airfield. Struggling to bring his shot-up P-47 back to base, Knight crashed in the mountains and was killed. He was posthumously awarded the Medal of Honor.

Tough fighting in Italy dragged on until the end of April 1945. At that time 79th FG distinguished itself knocking out German defenses along Santerno river while supporting the British attack on Bologna and Ferrara. The last allied airman killed in action over Italy was Maj. Edward Gabor, the CO of 345th FS / 350th FG, shot down by Flak in Udine area on 1st May 1945.

The China-Burma-India and Pacific Theaters of Operations

Thunderbolts arrived in the CBI in April 1944, along with 33rd FG, which became subordinated to the India-based 10th AF. Initially, however, the group served with 14th AF in China, where it protected forward airbases in Chengtu area, from which B-29s raided Japan (operation Matterhorn). It returned to India in September 1944.

By that time 14th AF received its own P-47 group – 81st FG arrived in China in May 1944 to support land operations there. The group scored it first air

Azja i Pacyfik

Thunderbolty dotarły na front w Azji, zwany chińsko-birmańsko-indyjskim (CBI), w kwietniu 1944 roku, wraz z przybyciem 33. FG, którą włączono w skład stacjonującej w Indiach 10. AF. Początkowo 33. FG, oddelegowana pod komendę 14. AF, w ramach operacji „Matterhorn" ubezpieczała wysunięte bazy B-29 w środkowych Chinach, od czerwca stacjonując w rejonie Czengtu. We wrześniu 1944 roku wróciła do Indii.

Również 14. AF doczekała się własnej jednostki P-47 – w maju 1944 roku do Chin sprowadzono, z myślą o wsparciu operacji lądowych, 81. FG. Pierwsze zwycięstwo nad Chinami (z zaledwie sześciu) jednostka odnotowała 4 lipca – tego dnia Lt. Edward Shap zestrzelił dwusilnikowego Ki-46.

Tymczasem na Thunderbolty przezbroiła się 80. FG, która od września poprzedniego roku stacjonowała w Indiach, latając na Warhawkach i Lightningach. Operując z rejonu doliny Assam, 33. i 80. FG wspierały wojska lądowe aliantów w walkach o Birmę. Okazji do starć w powietrzu było niewiele. Chociaż 33. FG wywalczyła w sumie 122 zwycięstwa, to ani jednego w okresie, gdy latała na P-47. Z kolei piloci 80. FG zdobyli na Thunderboltach tylko cztery zwycięstwa (same Ki-44) – wszystkie jednego dnia, 14 grudnia 1944 roku, na południe od Bhamo. Trzy z nich zapisał na swoje konto Lt. Samuel Hammer, co dało mu tytuł asa.

Od września 1944 roku nad Birmą operowały również Thunderbolty 1. ACG (*Air Commando Group*), w które wyposażono dwa dywizjony (5. i 6.). Podobnie jak w przypadku pozostałych jednostek P-47 w Azji, wykorzystywano je przede wszystkim do ataków na cele naziemne. W dniach 18-20

P-47D-23 *Pitt's Pot*, flown by Capt. Younger Pitts, the CO of 6th FS(C), 1st Air Commando Group. To the right one of 2nd Air Commando Group's Mustangs; February 1945.

P-47D-23 *Pitt's Pot*, którym latał Capt. Younger Pitts, dowódca 6. FS(C) ze składu 1. Air Commando Group. Po prawej jeden z Mustangów 2. Air Commando Group; luty 1945.

victory (of only six in total) on 4th July, Lt. Edward Shap shooting down a twin-engined Ki-46.

Meanwhile in India, Thunderbolts were issued to 80th FG, which so far had been operating P-40s and P-38s. Operating from Assam Valley, 33rd and 80th FGs supported the Allies retaking Burma. Scraps in the air were few. Although 33rd FG scored a total of 122 victories, none in the period when it flew Thunderbolts. The 80th FG registered only four air victories on Thunderbolts – four Ki-44s shot down south of Bhamo on 14th December 1944; three of them were credited to Lt. Samuel Hammer, which elevated him to ace status.

Beginning with September 1944, also 1st Air Commando Group operated Thunderbolts over Burma, having equipped with the type two of its squadrons, 5th FS(C) and 6th DS(C). As in the case of the remaining P-47 units in Asia, both squadrons were primarily used for ground attacks. Between 18th and 20th October 1944 Thunderbolts of 1st ACG and 33rd FG took part in massive air strikes by RAF and USAAF against Japanese airfields in Rangoon area. This operation was aimed at preventing the Japanese 5th Hikoshidan (air division) stationed in southern Burma from interfering in the battle for the Philippines. On the first day of the operation 1st ACG pilots shot down two Ki-43s over Mingaladon airfield, and one more two days later. In November 1944, when the British launched operation Capital, pushing the Japanese out of northern Burma, 1st ACG Thunderbolts often flew escort to B-25 bombers. Among the pilots lost at the controls of a P-47 over Asia was the commander of 1st ACG, Col. Clinton Gaty, who went missing on 26th Febru-

P-47D-23-RA (s/n 43-25753) of 91st FS / 81st FG coming down to land.

P-47D-23-RA (n/s 43-25753) z 91. FS / 81. FG podchodzi do lądowania.

października 1944 roku Thunderbolty 1. ACG i 33. FG wzięły udział w zmasowanych nalotach RAF i USAAF na japońskie lotniska w rejonie Rangunu. Ten atak miał zapobiec użyciu stacjonującej na południu Birmy 5. Hikoshidan w walkach o Filipiny. Pierwszego dnia nalotów piloci Thunderboltów 1. ACG zestrzelili nad lotniskiem w Mingaladon dwa Ki-43, a dwa dni później jeszcze jednego. Gdy w listopadzie 1944 roku brytyjskie wojska rozpoczęły operację „Capital", wypierając Japończyków z północnej Birmy, Thunderbolty 1. ACG latały nad Birmę między innymi w eskorcie bombowców B-25. Za sterami Thunderbolta zginął sam dowódca 1. ACG, Col. Clinton Gaty, najprawdopodobniej zestrzelony przez pilotów Ki-43 z 64. Sentai – 26 lutego 1945 roku przepadł bez śladu podczas rutynowego lotu, gdy oddalił się w pojedynkę rozpoznać teren. Pod

P-47D-23-RA (s/n 42-28011) of 342nd FS / 348th FG; Philippines, late 1944.

P-47D-23-RA (n/s 42-28011) z 342. FS / 348. FG; Filipiny, koniec 1944 roku.

Thunderbolts of 19th FS / 318th FG scrambling from Saipan in summer 1944.
Start Thunderboltów 19. FS / 318. FG z lotniska na Saipanie; lato 1944 roku.

ary 1945; during a routine patrol he flew away by himself to reconnoiter more terrain and was probably shot down by Ki-43 pilots of 64th Sentai. In late May 1945 the two Thunderbolt squadrons of the 1st ACG began converting to Mustangs but didn't go operational before the war's end.

In the southwest and central Pacific Thunderbolts were no less numerous. Unlike in the CBI, they often scored heavily against the Japanese Army and Navy air forces. The first Thunderbolts to see action in the Pacific belonged to 5th AF in New Guinea, where 348th FG was stationed from June 1943. Later the 5th AF acquired 58th FG, which became operational in February 1944. Besides, Thunderbolts were issued to several other fighter outfits of the 5th AF, since the coveted P-38 was in short supply (Lightnings were preferable in this theater due to their outstanding range and two engines, which gave pilots more sense of security during long flights over the ocean and impenetrable jungles). In late 1943 Thunderbolts went to 35th FG. Also 36th FS of 8th FG served temporarily (November 1943 – February 1944) on Thunderbolts, just as 9th FS of 49th FG (November 1943 – March 1944). At the turn of 1943/44 Gen. Kenney, the commander of 5th AF, had 11 Thunderbolt squadrons at hand.

koniec maja 1945 roku rozpoczęto przezbrajanie obu dywizjonów Thunderboltów 1. ACG na Mustangi, ale zanim osiągnęły gotowość bojową na nowym sprzęcie, II wojna światowa dobiegła końca.

Na Pacyfiku Thunderbolty służyły nie mniej licznie. Co więcej, na tym froncie, znacznie częściej niż w Azji, miały okazję walczyć i odnosić sukcesy w starciach z japońskim lotnictwem. Jako pierwsze weszły do walki Thunderbolty 5. AF na Nowej Gwinei, gdzie od czerwca 1943 roku stacjonowała 348. FG. Następnie skład 5. AF powiększono o 58. FG, która rozpoczęła służbę frontową w lutym 1944 roku. Ponadto w Thunderbolty wyposażono część pozostałych jednostek myśliwskich 5. AF, dla których zabrakło Lightningów (preferowanych na tym teatrze działań ze względu na ich zasięg i dwa silniki, które dawały pilotom większe poczucie bezpieczeństwa podczas wielogodzinnych lotów nad bezkresnym oceanem i nieprzebytą dżunglą). Pod koniec 1943 roku służbę na P-47 rozpoczęła 35. FG. Tymczasowo na Thunderbolty przezbroiły się również 36. FS ze składu 8. FG (listopad 1943 – luty 1944) oraz 9. FS ze składu 49. FG (listopad 1943 – marzec 1944). Tak więc na przełomie 1943/44 roku dowódca 5. AF, generał Kenney, dysponował 11 dywizjonami Thunderboltów.

P-47D-15-RA (s/n 42-23289) *Lady Ruth* of 19th FS / 318th FG; Saipan, summer 1944.

P-47D-15-RA (n/s 42-23289) *Lady Ruth* z 19. FS / 318. FG; Saipan, lato 1944 roku.

The 5th AF Thunderbolt pilots scored many successes in the air. For example, on 26th December 1943, during the invasion on New Britain, one squadron – 342nd FS of 348th FG – chalked up 15 victories, including four Betty bombers by Lt. Lawrence O'Neill. In mid-1944 the 348th FG incorporated fourth squadron (460th); its first CO was a renown ace, Maj. William Dunham (16 victories, all but the last one on Thunderbolts). In late September 35th FG moved to Morotai island, from where it flew long-distance missions over fiercely

Piloci Thunderboltów 5. AF odnieśli szereg spektakularnych zwycięstw. Na przykład 26 grudnia 1943 roku, podczas inwazji na Nową Brytanię, tylko jeden dywizjon – 342. FS ze składu 348. FG – wywalczył 15 zestrzeleń, w tym cztery (bombowce G4M „Betty") Lt. Lawrence O'Neill. W połowie 1944 roku do 348. FG dołączono czwarty dywizjon, 460. FS, którego pierwszym dowódcą został znamienity as, Maj. William Dunham (16 zestrzeleń, wszystkie oprócz ostatniego na P-47). Pod koniec września 35. FG przeniosła się na wyspę Morotai, skąd wykonywała

P-47D-20-RA (s/n 43-25402) *Smokepole* flown by Lt. Hal Dunning of 19th FS / 318th FG. Later the aircraft sported a distinctive skull and crossbones emblem; Saipan, summer 1944.

P-47D-20-RA (n/s 43-25402) *Smokepole*, którym latał Lt. Hal Dunning z 19. FS / 318. FG. W późniejszym okresie samolot nosił na osłonie silnika godło w kształcie trupiej czaszki i skrzyżowanych piszczeli; Saipan, lato 1944 roku.

SMI LIBRARY

Escort carrier USS Casablanca fully loaded with factory-fresh P-47Ns, heading from San Francisco to Guam, 16th July 1945.

Lotniskowiec eskortowy USS *Casablanca* w drodze z San Francisco na wyspę Guam z dostawą P-47N; 16 lipca 1945.

defended refineries at Balikpapan, Borneo. Beginning with November 1944, the 5th AF Thunderbolts were heavily engaged in the battle for the Philippines, fighting the enemy in the air, on the ground and at sea. On 24th December alone 348th FG amassed 33 victories. In spring 1945 the 35th and 348th FGs converted to Mustangs. Only 58th FG retained Thunderbolts; in May it was joined by a squadron of Mexican P-47s, which the following month participated in the battle for Luzon. In July 1945 the last Thunderbolts of the 5th AF moved to Okinawa, from where they flew missions against ground targets in Formosa and Kyushu until the end of the war.

June 1944 saw combat debut of Thunderbolts serving with 7th AF. When the invasion of Marianas was launched, escort carriers brought from Hawaii 318th FG. The group operated from Saipan, supporting ground troops against a well-entrenched enemy. In November 1944 the group received P-38s, which it operated until rearmed (as the first USAAF fighter group) with the new P-47N, in March 1945. At the turn of April and May 318th FG transferred to Ie Shima, a small island off Okinawa, from where

długodystansowe loty nad silnie bronione rafinerie w Balikpapan na Borneo. Począwszy od listopada 1944 roku, Thunderbolty 5. AF brały intensywny udział w walkach o Filipiny, zwalczając przeciwnika w powietrzu, na lądzie i morzu. Na przykład 24 grudnia 348. FG zapisała na swoje konto aż 33 zestrzelenia. Wiosną 1945 roku 35. i 348. FG przezbroiły się na Mustangi. Tylko 58. FG pozostała wierna Thunderboltom; w maju 1945 roku dołączono do niej dywizjon meksykańskich P-47, który miesiąc później wziął udział w walkach o wyspę Luzon. W lipcu 1945 ostatnie Thunderbolty 5. AF przeniosły się na Okinawę, skąd do końca wojny atakowały cele w Korei, na Formozie i Kiusiu.

W czerwcu 1944 roku zadebiutowały Thunderbolty 7. AF, kolejnej armii powietrznej USAAF na Pacyfiku. Gdy ruszyła inwazja na archipelag Marianów, z Hawajów przywieziono na pokładzie lotniskowców eskortowych 318. FG. Operując z Saipanu, jednostka wspierała oddziały walczące o sąsiednie wyspy. W listopadzie 1944 roku otrzymała Lightningi, które użytkowała do czasu przezbrojenia na P-47N (jako pierwsza jednostka USAAF) w marcu 1945 roku. Na przełomie kwietnia i maja 318. FG

it could range over southern Japan, independently or escorting B-24s and B-25s. During the battle for Okinawa the group intercepted kamikaze formations several times, scoring heavily. For example, on 25th May only one squadron – 19th FS – shot down 28 Japanese aircraft (including five by Lt. Richard Anderson). The 7th AF had two more Thunderbolt groups on strength. Of these, Hawaii-stationed 15th FG went into combat only after it had converted to Mustangs, in late 1944. The other one, 508th FG, remained in Hawaii, providing local fighter cover and serving as an operational training unit for other 7th AF fighter groups.

Also 20th AF, constituted to carry out the strategic bomber offensive against Japan, fielded Thunderbolt units, 413th, 414th and 507th FGs, all three equipped with the long-legged P-47N. The 413th FG debuted by raiding Truk atoll from Saipan in May 1945. The following month, after moving to Ie Shima, it flew missions over southern Japan and coastal China.

przeniosła się na wysepkę Ie Shima u brzegów Okinawy, skąd mogła się zapuszczać nad południową Japonię, także w eskorcie bombowców B-24 i B-25. Podczas bitwy o Okinawę kilkakrotnie przechwytywała formacje kamikadze. Na przykład 25 maja tylko jeden dywizjon, 19. FS, zestrzelił 28 japońskich samolotów (w tym pięć Lt. Richard Anderson). Oprócz 318. FG, jeszcze dwie jednostki myśliwskie 7. AF dysponowały Thunderboltami. Stacjonująca na Hawajach 15. FG weszła do walki już po przezbrojeniu na Mustangi, pod koniec 1944 roku. Z kolei 508. FG do końca wojny pozostała na Hawajach, zapewniając osłonę myśliwską i służąc za jednostkę treningową.

Również 20. AF, utworzona z myślą o strategicznej ofensywie bombowej na Japonię, miała na stanie jednostki Thunderboltów: 413., 414. i 507. FG. Wszystkie trzy wyposażono w wersję P-47N. W maju 1945 roku 413. FG debiutowała atakami z Saipanu na atol Truk. Od czerwca, po przeprowadzce na Ie Shimę, do końca wojny wykonywała loty bojowe nad

Thunderbolts of 35th FG and reconnaissance Mustangs (F-6s) of 110th TRS undergo maintenance at Lingayen airstrip in the Philippines in April 1945. Of note are black fuselage and wing bands introduced by the 5th AF in November 1944.

Thunderbolty 35. FG i rozpoznawcze Mustangi (F-6) z 110. TRS obsługiwane na lotnisku Lingayen na Filipinach w kwietniu 1945 roku. Zwracają uwagę czarne pasy na skrzydłach i kadłubie, wprowadzone w 5. AF w listopadzie 1944 roku.

P-47N of 19th FS / 318th FG at Ie Shima, sporting the squadron's badge below the cockpit.

P-47N z 19. FS / 318. FG na wyspie Ie Shima. Pod kokpitem widoczne godło dywizjonu.

P-47N of 333rd FS / 318th FG taxiing at Ie Shima, in the summer of 1945.

P-47N z 333. FS / 318. FG kołuje na start; Ie Shima, lato 1945 roku.

P-47N *I've Had It* of 333rd FS / 318th FG; Ie Shima, summer 1945.

P-47N *I've Had It* z 333. FS / 318. FG; Ie Shima, lato 1945 roku.

The group scored its premier victories on 22nd June, when 1st FS pilots intercepted a dozen Ki-43s (most probably kamikazes) over Amami-Oshima, north of Okinawa, and shot down eight.

Also 507th FG settled at Ie Shima, and from July 1945 harassed the enemy in coastal areas of Japan, China and Korea, scoring 40 victories in the process. Its most notable scrap with the Japanese in the air occurred on 13th August over Seoul, and resulted in 20 victories for the group (including five by Lt. Oscar Perdomo). On 8th August 318th, 413th and 507th FGs flew their only escort mission to B-29s, which bombed Yawata on that day. For 414th FG, the last P-47 group to arrive in central Pacific, there was no room at Ie Shima, which already housed over 250 Thunderbolts. Therefore it set up shop at Iwo Jima, and debuted by attacking early-warning radar station at Chichi Jima. Stranded nearly twice as far from the Japan as the Thunderbolts at Ie Shima, and too far to venture over China and Korea, 414th FG was in no place to tackle the Japanese in the air and by the war's end claimed only one victory.

południową Japonię i wybrzeże Chin. Pierwsze zwycięstwa w powietrzu zdobyła 22 czerwca, gdy piloci 1. FS przechwycili nad Amami-Oshima, na północ od Okinawy, formację kilkunastu Ki-43 i zestrzelili osiem z nich. Również 507. FG wprowadziła się na Ie Shimę i od lipca 1945 roku do końca wojny wykonywała loty bojowe nad Japonię, Chiny i Koreę, zbierając 40 zwycięstw. Najsłynniejsze starcie w powietrzu stoczyła 13 sierpnia nad Seulem, zestrzeliwując 20 japońskich samolotów (w tym pięć Lt. Oscar Perdomo). Ósmego sierpnia 1945 roku Thunderbolty 318., 413. i 507. FG jedyny raz eskortowały B-29, które tego dnia bombardowały Yawatę. Dla 414. FG, która przybyła najpóźniej, zabrakło miejsca na Ie Shimie, gdzie stłoczono ponad 250 Thunderboltów. Z tego względu umieszczono ją na Iwo Jimie, skąd w lipcu debiutowała atakami na stację radarową na wyspie Chichi Jima. Stacjonując niemal dwa razy dalej od Japonii niż jednostki Thunderboltów na Ie Shimie i za daleko, by latać nad wybrzeże Chin i Korei, 414. FG miała ograniczone pole do popisu; do końca wojny zgłosiła tylko jedno zestrzelenie.

The Mediterranean Theater of Operations
Śródziemnomorski teatr działań

First Thunderbolts arrive in the MTO, most probably to one of sea ports in Algeria.

Pierwsze Thunderbolty docierają w rejon Morza Śródziemnego. Zdjęcia najprawdopodobniej wykonano w jednym z portów Algierii.

Jeanie of 57th FG, armed with bombs and triple-round 'bazooka' rocket launchers, taxies out. Note the squadron's badge (a scorpion superimposed on a pyramid); Alto, Corsica, summer 1944.

Jeanie, jeden z Thunderboltów 57. FG, uzbrojony w bomby i wyrzutnie pocisków rakietowych, kołuje na start. Na osłonie silnika widoczne godło 64. FS (skorpion na tle piramidy); Alto, Korsyka, lato 1944 roku.

Our Pride and Joy, another Thunderbolt of 64th FS / 57th FG
Our Pride and Joy, kolejny Thunderbolt z 64. FS / 57. FG.

Thunderbolts of 319th FS / 325th FG in flight over Italy.
Thunderbolty 319. FS / 325. FG w locie nad Włochami.

'Razorbacks' of 57th FG at a flooded airfield in Italy at the turn of 1943/44.
Thunderbolty 57. FG na podtopionym lotnisku polowym we Włoszech, przełom 1943/44 roku.

Late-war 'bubbletops' of 86th FS / 79th FG sharing an airfield with Italian sheep. The aircraft in the center (X68) is P-47D-28-RA (s/n 42-29312). Thunderbolty 86. FS / 79. FG na lotnisku polowym we Włoszech. Samolot pośrodku (X68) to P-47D-28-RA (n/s 42-29312).

The 57th FG's ground crews arm with rocket missiles and boresight the guns of P-47D-16-RE (s/n 42-76012) of 65th FS *Fighting Cocks* (note the badge on the cowl). 57th FG; Alto, Corsica, August 1944.

Obsługa naziemna pracuje nad uzbrojeniem P-47D-16-RE (n/s 42-76012) z 65. FS *Fighting Cocks* (na osłonie silnika widoczne godło dywizjonu) ze składu 57. FG. Na zdjęciu dolnym trwa załadunek podskrzydłowej wyrzutni pocisków rakietowych; Alto, Korsyka, sierpień 1944 roku.

P-47D-25-RE (s/n 42-26448) of 65th FS / 57th FG; Alto, Corsica, August 1944.

P-47D-25-RE (n/s 42-26448) z 65. FS / 57. FG; Alto, Korsyka, sierpień 1944 roku.

Maj. Herschel 'Herky' Green, the top-ranking ace of 325th FG: 18 air victories, including 10 on Thunderbolts, scored between January and April 1944. On 30th January at Villorba he clobbered six: four Ju-52 transports plus a Do 217 and Mc.202 apiece.

Major Herschel „Herky" Green, czołowy as 325. FG – 18 zestrzeleń, w tym 10 na Thunderboltach, w okresie od stycznia do kwietnia 1944 roku; 30 stycznia nad Villorba zestrzelił sześć samolotów: cztery Ju-52 oraz po jednym Do 217 i Mc.202.

Maj. Charles Leaf, the last wartime CO of 66th FS (from July 1944 until VE-Day). He had served with RAF before joining 57th FG. In early 1945 he completed 200 combat sorties. He scored his only two air victories when the 57th still flew Warhawks, on 18th April 1943, during the famous 'Palm Sunday Massacre' of Luftwaffe transports over Cape Bon in Tunisia.

Major Charles Leaf, ostatni dowódca 66. FS (od lipca 1944 roku do końca wojny). Zanim dołączył do 57. FG, służył w RAF. Na początku 1945 roku przekroczył liczbę 200 wykonanych lotów bojowych. Jedyne dwa zwycięstwa zdobył jeszcze jako pilot Warhawka, 18 kwietnia 1943 roku, podczas słynnej „masakry w niedzielę palmową" – pogromu samolotów transportowych Luftwaffe nad Cape Bon w Tunezji.

Colonel Earl Bates, the CO of 86th FG from August 1944 to February 1945. Bates had commanded 79th FG from November 1942 until April 1944. The 86th FG painted horizontal, red stripes on the tails of their machines.

Pułkownik Earl Bates, od sierpnia 1944 do połowy lutego 1945 roku dowódca 86. FG. Wcześniej, od listopada 1942 do kwietnia 1944 roku, Bates dowodził 79. FG. Samoloty tej jednostki wyróżniały się ogonami pomalowanymi w poziome, czerwone pasy.

Pfc. Samuel Sanchez of 57th FG with a 4.5 inch rocket missile. Of note is the badge of 65th FS seen in the background.

Starszy szeregowiec Samuel Sanchez z 57. FG z pociskiem rakietowym kalibru 4,5 cala (114 mm). W tle widoczne godło 65. FS.

Col. Benjamin Davis, the CO of 332nd FG from October 1943 to November 1944. His unit flew Thunderbolts for only about two months, before it reequipped with Mustangs in July 1944.

Pułkownik Benjamin Davis, od października 1943 do listopada 1944 roku dowódca 332. FG. Jego jednostka używała Thunderboltów jedynie około dwóch miesięcy; od lipca 1944 roku latała na Mustangach.

Capt. Frank Collins, one of the aces with 325th FG (nine victories), and the CO of 319th FS. He scored his last four victories (all of them Bf 109s) on Thunderbolts, in January 1944. For his second tour of duty he joined 507th FG in the Pacific, as the CO of 464th FS. He was shot down by ground fire over Amami-Oshima and captured on 10th July 1945.

Kapitan Frank Collins, jeden z asów 325. FG (9 zestrzeleń) i dowódca 319. FS. Ostatnie cztery zwycięstwa (same Bf 109) zdobył na Thunderboltach, wszystkie w styczniu 1944 roku. Na drugą turę bojową dołączył do 507. FG na Pacyfiku, jako dowódca 464. FS. Zestrzelony 10 lipca 1945 roku nad Amami-Oshima przez ogień przeciwlotniczy, dostał się do niewoli.

P-47 THUNDERBOLT WITH THE USAAF IN THE MTO, ASIA AND PACIFIC

Lt. George Novotny, one of the aces with 325th FG. Having scored his first three victories on Warhawks, he added another five on Thunderbolts, between January and April 1944.

Porucznik George Novotny, jeden z asów 325. FG. Pierwsze trzy zwycięstwa zdobył na Warhawkach, kolejne pięć na Thunderboltach, w okresie od stycznia do kwietnia 1944 roku.

Lt.Col. Gilbert Wymond, the CO of 65th FS / 57th FG, posing in the cockpit of his P-47D-23-RA *Hun Hunter XIV* (s/n 42-27910); Corsica, summer 1944.

Podpułkownik Gilbert Wymond, dowódca 65. FS ze składu 57. FG, pozuje w kokpicie swojego P-47D-23-RA *Hun Hunter XIV* (n/s 42-27910); Korsyka, lato 1944 roku.

P-47D-30-RE (s/n 44-20978) *Torrid Tessie* / *Philadelphia Filly* (port and starboard, respectively), flown by Maj. Charles E. Gilbert, the CO of 346th FS / 350th FG. The checkered rudder was squadron specific. Gilbert flew this aircraft on 2nd April 1945 when he scored his only two victories, shooting down two Bf 109s of *2º Gruppo Caccia* ANR, near Villafranca.

P-47D-30-RE (n/s 44-20978) o imieniu *Torrid Tessie* (lewa burta) / *Philadelphia Filly* (prawa burta), którym latał Maj. Charles E. Gilbert, dowódca 346. FS ze składu 350. FG. Ster kierunku w czarno-białą szachownicę był elementem rozpoznawczym 346. FS. Lecąc na tym samolocie 2 kwietnia 1945 roku Maj. Gilbert zdobył swoje jedyne dwa zwycięstwa, zestrzeliwując w pobliżu Villafranca dwa Bf 109 z *2º Gruppo Caccia* ANR.

Thunderbolts of 527th FS / 86th FG, with P-47D-27-RE (s/n 42-27346) *Jeannie IV*, flown by Lt. Ed Brown, in the foreground.

Para Thunderboltów z 527. FS / 86. FG. Na pierwszym planie P-47D-27-RE (n/s 42-27346) *Jeannie IV*, którym latał Lt. Ed Brown.

Lt. Alva Henehan of 346th FS / 350th FG fits into the hole torn by a 88 mm shell which hit the wing of his P-47 on 21st December 1944.

Porucznik Alva Henehan z 346. FS / 350. FG własną osobą prezentuje rozmiar uszkodzeń po trafieniu pociskiem kalibru 88 mm w skrzydło jego P-47 podczas lotu bojowego 21 grudnia 1944 roku.

A 12th AF Thunderbolt breaks away after a firing pass at enemy vehicles on a road leading to Brenner Pass.
Thunderbolt którejś z jednostek 12. AF atakuje kolumnę pojazdów na drodze wiodącej na przełęcz Brenner.

Yellow lightnings on black background identified 345th FS of 350th FG. Two aircraft, the '5C6' (P-47D-28-RA, s/n 42-28587) and '5D3' *Flak Happy* (P-47D-27-RE, s/n 42-27260), each sport markers of around 100 combat sorties – certainly enough to get 'flak happy'!

Widoczne na ogonach żółte błyskawice na czarnym tle wyróżniały samoloty 345. FS ze składu 350. FG. Dwa samoloty, „5C6" (P-47D-28-RA, n/s 42-28587) i „5D3" *Flak Happy* (P-47D-27-RE, n/s 42-27260), mają na burtach oznaczenia około 100 lotów bojowych.

P-47 THUNDERBOLT WITH THE USAAF IN THE MTO, ASIA AND PACIFIC

2/Lt. Jorge Taborda of *1° Grupo de Aviaçao de Caça*, the Brazilian P-47 outfit which flew attached to 350th FG from October 1944 until the end of war in Italy. The unit's badge is clearly visible.

Podporucznik Jorge Taborda z *1° Grupo de Aviaçao de Caça*, brazylijskiej jednostki Thunderboltów, która od października 1944 roku do końca wojny walczyła na froncie włoskim w składzie 350. FG. Na osłonie silnika godło jednostki.

Ground crew working on Thunderbolts of *1° Grupo de Aviaçao de Caça*.

Obsługa naziemna pracuje przy Thunderboltach *1° Grupo de Aviaçao de Caça*.

Brazilian Thunderbolts readied for action. Of note are national markings on the fuselage and under wing, and the yellow-green rudder. The P-47D-25-RE (s/n 42-26756) in the foreground was flown by Lt. Alberto Martins Torres.

Brazylijskie Thunderbolty szykowane do akcji. Dobrze widoczne oznaczenia przynależności państwowej na kadłubie i pod skrzydłem oraz żółto-zielony ster kierunku. Na pierwszym planie P-47D-25-RE (n/s 42-26756), którym latał porucznik Alberto Martins Torres.

P-47 THUNDERBOLT WITH THE USAAF IN THE MTO, ASIA AND PACIFIC

A rare snapshot of napalm bombs, which were basically drop tanks fitted with fins from regular bombs. In the background P-47D-25-RE (s/n 42-26702) of 316th FS / 324th FG, photographed at Luneville (Y-2), France, where the unit was stationed since January 1945.

Unikalne zdjęcie pierwszych bomb napalmowych, czyli odrzucanych zbiorników na paliwo wyposażonych w usterzenie zdjęte ze zwykłych bomb. W tle P-47D-25-RE (n/ser 42-26702) z 316. FS / 324. FG, sfotografowany w Luneville we Francji (Y-2), gdzie jednostka stacjonowała od stycznia 1945 roku.

Lt. James Harp of 64th FS / 57th FG by P-47D-27-RE (s/n 42-27179) *Sandra*, which he successfully crash-landed after its engine quit on takeoff; 10th January 1945, Grosseto, Italy. The aircraft's regular pilot was Lt. Robert Abercrombie.

Porucznik James Harp z 64. FS / 57. FG wylądował awaryjnie tym P-47D-27-RE (n/s 42-27179) *Sandra*, w którym tuż po starcie zgasł silnik; 10 stycznia 1945 roku, Grosseto, Włochy. Regularnym pilotem tego samolotu był Lt. Robert Abercrombie.

Lt. Edwin King of 347th FS / 350th FG looks stunned at his P-47D-28-RA (s/n 42-29300) drenched in oil from the engine damaged by Flak on 12th January 1945 near Brescia, northern Italy.

Porucznik Edwin King z 347. FS / 350. FG z niedowierzaniem patrzy na swój samolot (P-47D-28-RA, n/s 42-29300), który po trafieniu odłamkiem pocisku przeciwlotniczego pokrył się olejem z silnika. Do zdarzenia doszło 12 stycznia 1945 roku, niedaleko miejscowości Brescia w północnych Włoszech.

On 29th May 1944 Lt. Lloyd Hathcock of 301st FS / 332nd FG was ferrying this P-47D-16-RE (s/n 42-75971) to Ramitelli, when by mistake he landed at Roma-Littorio and was captured. His aircraft was the first P-47 with fully operational water injection system the Germans got hold of. It was thoroughly tested by Hans-Werner Lerche from the Luftwaffe research facility at Rechlin, who described it in his book *Luftwaffe Test Pilot: Flying Captured Allied Aircraft of World War 2*. The partially disassembled aircraft was found by American troops in Göttingen at war's end. Interestingly, it was originally flown, under the name of *Ruthless Ruthie*, by George Novotny, one of the aces with 325th FG.

Dwudziestego dziewiątego maja 1944 roku Lt. Lloyd Hathcock z 301. FS / 332. FG sprawił Niemcom niezwykły prezent. Podczas lotu transferowego do Ramitelli przez pomyłkę wylądował swoim P-47D-16-RE (n/s 42-75971) na lotnisku Rzym-Littorio i trafił do niewoli. Jego samolot był pierwszym egzemplarzem P-47 wyposażonym w pełni sprawny system wtrysku mieszanki wody z metanolem do cylindrów silnika, który wpadł w ręce Niemców. Samolot był przez nich intensywnie testowany. Z Włoch do ośrodka badawczego Luftwaffe w Rechlinie przeleciał nim pilot-oblatywacz Hans-Werner Lerche, który swoje doświadczenia opisał w książce *Luftwaffe Test Pilot: Flying Captured Allied Aircraft of World War 2*. Zdekompletowany P-47 został odnaleziony przez Amerykanów pod koniec wojny w Göttingen. Co ciekawe, pierwotnie tym samolotem, który wówczas nosił nazwę *Ruthless Ruthie*, latał jeden z asów 325th FG, George Novotny.

P-47 THUNDERBOLT WITH THE USAAF IN THE MTO, ASIA AND PACIFIC

The China-Burma-India and Pacific Theaters of Operations
Azja i Pacyfik

Long before Thunderbolts arrived in Asia, the United States had delivered to China some Republic P-43 Lancers, predecessors of the P-47; Kunming, September 1942.

Na długo przed pojawieniem się w Azji Thunderboltów, Stany Zjednoczone dostarczyły do Chin protoplastę P-47, myśliwiec Republic P-43 Lancer; Kunming, wrzesień 1942.

P-47D-22-RE (s/n 42-26088) *Frenchie* of 33rd FG was a 'war bond plane', paid for by the employees of Republic Aviation Corporation.

P-47D-22-RE (n/s 42-26088) *Frenchie* z 33. FG był samolotem ufundowanym przez pracowników wytwórni Republic, o czym zaświadcza stosowna plakietka na burcie.

P-47D-23-RA (s/n 42-27391) *My Jewel*, flown by Lt.Col. Fred Hook, the CO of 81st FG, the only Thunderbolt outfit of the China-based 14th AF.

P-47D-23-RA (n/s 42-27391) *My Jewel*, którym latał Lt.Col. Fred Hook, dowódca 81. FG, jedynej jednostki Thunderboltów w składzie 14. AF.

Aligning machine guns in P-47D-23-RA (s/n 42-27534) of 1st Air Commando Group.

P-47D-23-RA (n/s 42-27534) z 1. Air Commando Group podczas ustawiania zbieżności karabinów maszynowych.

P-47D-15-RA (s/n 42-23194) of 60th FS / 33rd FG at Pungchacheng airfield; China, August 1944.

P-47D-15-RA (n/s 42-23194) z 60. FS / 33. FG na lotnisku Pungchacheng w Chinach, sierpień 1944 roku.

Thunderbolts of 6th FS(C) / 1st Air Commando Group taking off. The machine in the foreground is P-47D-23-RA (s/n 42-28152). The five diagonal stripes on the fuselage (dark blue on NMF aircraft) were 1st ACG markings. The 165-gal drop tanks, designed for the P-38, were in this theater of war commonly used to stretch the P-47's range.

Start pary Thunderboltów z 6. dywizjonu 1. Air Commando Group. Na pierwszym planie P-47D-23-RA (n/s 42-28152). Pięć ukośnych pasków na kadłubie, ciemnoniebieskich na pozbawionych kamuflażu samolotach, było elementem rozpoznawczym samolotów 1. ACG. Odrzucane zbiorniki na 165 galonów paliwa, pierwotnie zaprojektowane dla P-38, w Azji i na Pacyfiku chętnie wykorzystywano do zwiększenia zasięgu Thunderboltów.

Manual refuelling of P-47D-23-RA (s/n 43-25750), most probably of 81st FG; China, August 1944. Of note is the DF loop on the aircraft's spine.

Ręczne tankowanie P-47D-23-RA (n/s 43-25750), najprawdopodobniej z 81. FG; Chiny, sierpień 1944. Zwraca uwagę antena radionamiernika na grzbiecie samolotu.

Thunderbolts of 1st Air Commando Group at Cox's Bazaar airbase; India (presently Bangladesh), November 1944.

Thunderbolty 1. Air Commando Group w bazie Cox's Bazaar w Indiach (obecnie Bangladesz); listopad 1944.

Miss Lillian II of 1st Air Commando Group, flown by Lt. Jack Klarr, armed with three 1000-pounders; Asansol, India, September 1944.

Uzbrojony w trzy tysiącfuntowe bomby P-47D *Miss Lillian II* z 1. Air Commando Group, którym latał Lt. Jack Klarr; Asansol, Indie, wrzesień 1944.

P-47D-23-RA (s/n 42-27480) *Burma Yank* of 89th FS / 80th FG; Myitkyina, Burma, December 1944.
P-47D-23-RA (n/s 42-27480) *Burma Yank* z 89. FS / 80. FG; Myitkyina, Birma, grudzień 1944.

Thunderbolts of 348th FG; New Guinea, July 1943. The leading aircraft is P-47D-2-RE (s/n 42-8145) *Fiery Ginger* flown by the group's CO, Col. Neel Kearby. The dark blue fin and rudder tip denoted 342nd FS. Of note is the white wing leading edge.

Thunderbolty 348. FG; Nowa Gwinea, lipiec 1943 roku. Formację prowadzi dowódca jednostki, Col. Neel Kearby, w swoim P-47D-2-RE (n/s 42-8145) *Fiery Ginger*. Granatowa końcówka statecznika pionowego i steru kierunku identyfikowała 342. FS. Zwraca uwagę biała krawędź natarcia skrzydeł.

P-47 THUNDERBOLT WITH THE USAAF IN THE MTO, ASIA AND PACIFIC

Colonel Neel Kearby, the CO of 348th FG, the first P-47 outfit in the Pacific. He shot down 22 Japanese aircraft between September 1943 and March 1944, including six on 11th October, for which he was awarded the Medal of Honor. He was killed in action while battling Japanese fighters near Wewak, New Guinea, on 5th March 1944.

Pułkownik Neel Kearby, dowódca 348. FG, pierwszej jednostki Thunderboltów na Pacyfiku. Od września 1943 do marca następnego roku zestrzelił 22 japońskie samoloty, w tym jednego dnia, 11 października, sześć myśliwców w ciągu 15 minut, za co otrzymał Medal Honoru. Zginął 5 marca 1944 roku w walce z japońskimi myśliwcami w rejonie Wewak na Nowej Gwinei.

P-47D-16-RE (s/n 42-75939) of 340th FS / 348th FG. Of note are the cowl flaps polished to bare metal. The white tail was ID marking of allied fighters in the SWPA.

P-47D-16-RE (n/s 42-75939) z 340. FS / 348. FG. Zwraca uwagę półkrąg klapek żaluzji chłodzenia silnika wypolerowanych do gołego metalu. Pomalowany na biało ogon był elementem szybkiej identyfikacji alianckich myśliwców na południowo-zachodnim Pacyfiku.

P-47D-2-RE (s/n 42-8077) of 340th FS / 348th FG. Of note is the flat, 200-gal drop tank. The yellow fin and rudder tip was squadron specific.

P-47D-2-RE (n/s 42-8077) z 340. FS / 348. FG. Zwraca uwagę podkadłubowy, płaski zbiornik na 200 galonów paliwa. Żółta końcówka statecznika pionowego i steru kierunku była elementem rozpoznawczym 340. FS.

The 318th FG getting ready for deployment to combat zone; Bellows Field, Oahu, Hawaii, 15th May 1944.

Przygotowania 318. FG do wyruszenia na front i kończąca je inspekcja; baza Bellows Field, Oahu, Hawaje, 15 maja 1944.

P-47 THUNDERBOLT WITH THE USAAF IN THE MTO, ASIA AND PACIFIC

First fire bombs, later used to great effect in the Pacific, tested at Oahu in May 1944.

Pierwsze przymiarki do bomb napalmowych, stosowanych później z wielkim powodzeniem przez jednostki Thunderboltów na Pacyfiku; Oahu, Hawaje, maj 1944.

Thunderbolts of 19th FS / 318th FG moving onto (and under) the deck of escort carrier USS Natoma Bay, which on 5th June 1944 left Pearl Harbor for Saipan. It arrived off the island on the 19th, but was ordered to retreat east until the Battle of the Philippine Sea was decided. On 22nd-23rd June it catapulted 37 Thunderbolts, which landed at Aslito airfield.

Thunderbolty 19. FS / 318. FG wprowadzają się na (i pod) pokład lotniskowca eskortowego USS *Natoma Bay*, który 5 czerwca 1944 roku wyszedł w morze z Pearl Harbor, biorąc kurs na Saipan. W pobliże wyspy dotarł 19 czerwca, ale wycofał się na wschód do czasu zakończenia bitwy na Morzu Filipińskim. W dniach 22-23 czerwca katapultował 37 Thunderboltów, które wylądowały na lotnisku Aslito.

P-47D-15-RE (s/n 42-75791) *Midge* being lowered onto the deck of USS Natoma Bay. Of note is the distinctive painting scheme adopted by 19th FS, created by removing paint from the cowl and tail surfaces; the tail bands, cowl flaps and propeller boss were blue.

P-47D-15-RE (n/s 42-75791) *Midge* opuszczany na pokład USS *Natoma Bay*. Zwraca uwagę charakterystyczny dla 19. FS „kamuflaż", powstały w wyniku usunięcia farby z osłony silnika i ogona; pasy na statecznikach i sterach były niebieskie.

USS Manila Bay, which carried 73rd FS / 318th FG, was attacked east of Saipan by four D3A Val dive bombers. The bombs, as seen here, missed their mark. The ship launched a flight of P-47s, which maintained CAP until it was all clear, then the four aircraft proceeded to Saipan.

Lotniskowiec eskortowy USS *Manila Bay*, wiozący 73. FS / 318. FG, został zaatakowany na wschód od Saipanu przez cztery bombowce nurkujące D3A Val. Jak widać na zdjęciu, bomby chybiły celu. Z okrętu katapultowano cztery P-47, które patrolowały okolicę do czasu, aż nieprzyjaciel zniknął z radaru, następnie odleciały na Saipan.

Lt. Robert Shepard and his *Spittin Kitten* getting launched from USS Manila Bay, 23rd June 1944.

Porucznik Robert Shepard i jego *Spittin Kitten* startują z pokładu USS *Manila Bay*; 23 czerwca 1944.

Lt. Keith Mattison follows the suit.

Porucznik Keith Mattison opuszcza pokład USS *Manila Bay*.

Lt. Eubanks Barnhill and his *Sonny Boy* (P-47D-10-RA) get airborne.

Porucznik Eubanks Barnhill i *Sonny Boy* (P-47D-10-RA).

Capt. Robert O'Hare ready to roll in his P-47D-11-RE (n/s 42-75302) *Dee-Icer*. Of note is the evocative 'noseart' of the drop tank.

Capt. Robert O'Hare gotowy do startu w swoim P-47D-11-RE (n/s 42-75302) *Dee-Icer*. Zwraca uwagę fantazyjne malowanie podkadłubowego zbiornika.

According to the original caption, P-47D-11-RE (s/n 42-75379) *Hed-up N'locked* was set on fire by a Japanese sniper; Saipan, 26th June 1944.

Według oryginalnego podpisu do tego zdjęcia, P-47D-11-RE (n/s 42-75379) *Hed-up N'locked* spłonął po trafieniu przez japońskiego snajpera; Saipan, 26 czerwca 1944.

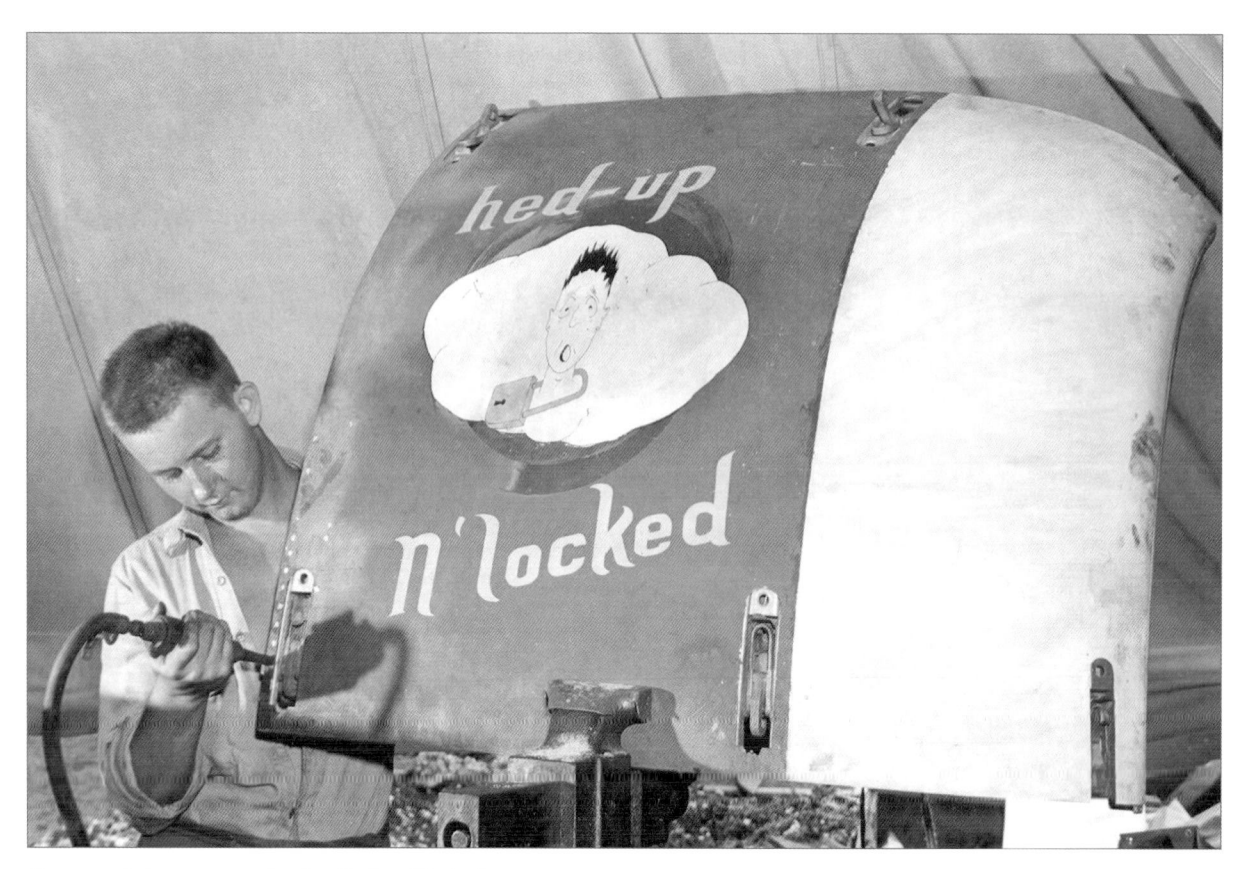

Close-up of the nose art adorning *Hed-up N'locked*.

Zbliżenie godła na okapotowaniu silnika *Hed-up N'locked*.

Capt. James Snyder of 73rd FS / 318th FG crash-landed this Flak-damaged P-47D-11-RE (s/n 42-75351); Saipan, 26th June 1944.

Kapitan James Snyder z 73. FS / 318. FG wylądował awaryjnie tym P-47D-11-RE (n/s 42-75351) uszkodzonym przez ogień przeciwlotniczy; Saipan, 26 czerwca 1944.

P-47D-11-RE (s/n 42-75372) *Lois* of 73rd FS / 318th FG getting refueled; Saipan, 15th July 1944.

P-47D-11-RE (n/s 42-75372) *Lois* z 73. FS / 318. FG podczas uzupełniania paliwa; Saipan, 15 lipca 1944 roku.

Aslito airfield, renamed Isley Field, had its own MPs, seen here patrolling the 73rd FS dispersal area. To the left is P-47D-11-RE (s/n 42-75320) *Apple Jack*, with *Lois*, to the right in the background.

Lotnisko Aslito na Saipanie, przemianowane na Isley Field, miało własną żandarmerię na motocyklach. Po lewej P-47D-11-RE (n/s 42-75320) *Apple Jack*, po prawej w głębi *Lois*, oba z 73. FS.

P-47D-11-RE (s/n 42-75460) *Princess Pat* of 73rd FS / 318th FG armed with 500-pound bombs; Saipan, July 1944.

P-47D-11-RE (n/s 42-75460) *Princess Pat* z 73. FS / 318. FG uzbrajany w 500-funtowe bomby; Saipan, lipiec 1944.

Ground crew of 19th FS / 318th FG align 'fifties' in one of the squadron's P-47; Saipan, July 1944.

Zbrojmistrze 19. FS / 318. FG synchronizują półcalówki jednego z P-47; Saipan, lipiec 1944.

Howard Doyle, a representative of Republic Aviation Corporation, checking on P-47D *Moonshine* flown by Maj. John Hussey, the CO of 73rd FS / 318th FG; Saipan, 15th July 1944.

Howard Doyle, przedstawiciel Republic Aviation Corporation, dogląda P-47D *Moonshine*, którym latał major John Hussey, dowódca 73. FS ze składu 318. FG; Saipan, 15 lipca 1944.

The same aircraft in the hands of its ground crew, with the badge of 73rd FS, known as *Bar Flies*, seen to advantage.

Ten sam samolot doglądany przez obsługę naziemną; dobrze widoczne godło 73. FS, który nosił przydomek *Bar Flies* („Ćmy barowe").

Ground crew of 333rd FS / 318th FG fill a 165 gallon tank with jellied petrol, then ordnance men tighten the detonator and adjust the arming wire, turning the tank into a 'fire bomb'; Saipan, 26th July 1944. The 333rd FS arrived in Saipan on 18th July 1944, onboard escort carrier USS Sargent Bay.

Obsługa naziemna 333. FS – trzeciego dywizjonu składowego 318. FG, który dotarł na Saipan 18 lipca 1944 roku, katapultowany z pokładu lotniskowca eskortowego USS *Sargent Bay* – napełnia 165-galonowy zbiornik podskrzydłowy zagęszczoną olejem benzyną i montuje w nim zapalnik, tworząc improwizowaną bombę napalmową; Saipan, 26 lipca 1944.

P-47 THUNDERBOLT WITH THE USAAF IN THE MTO, ASIA AND PACIFIC

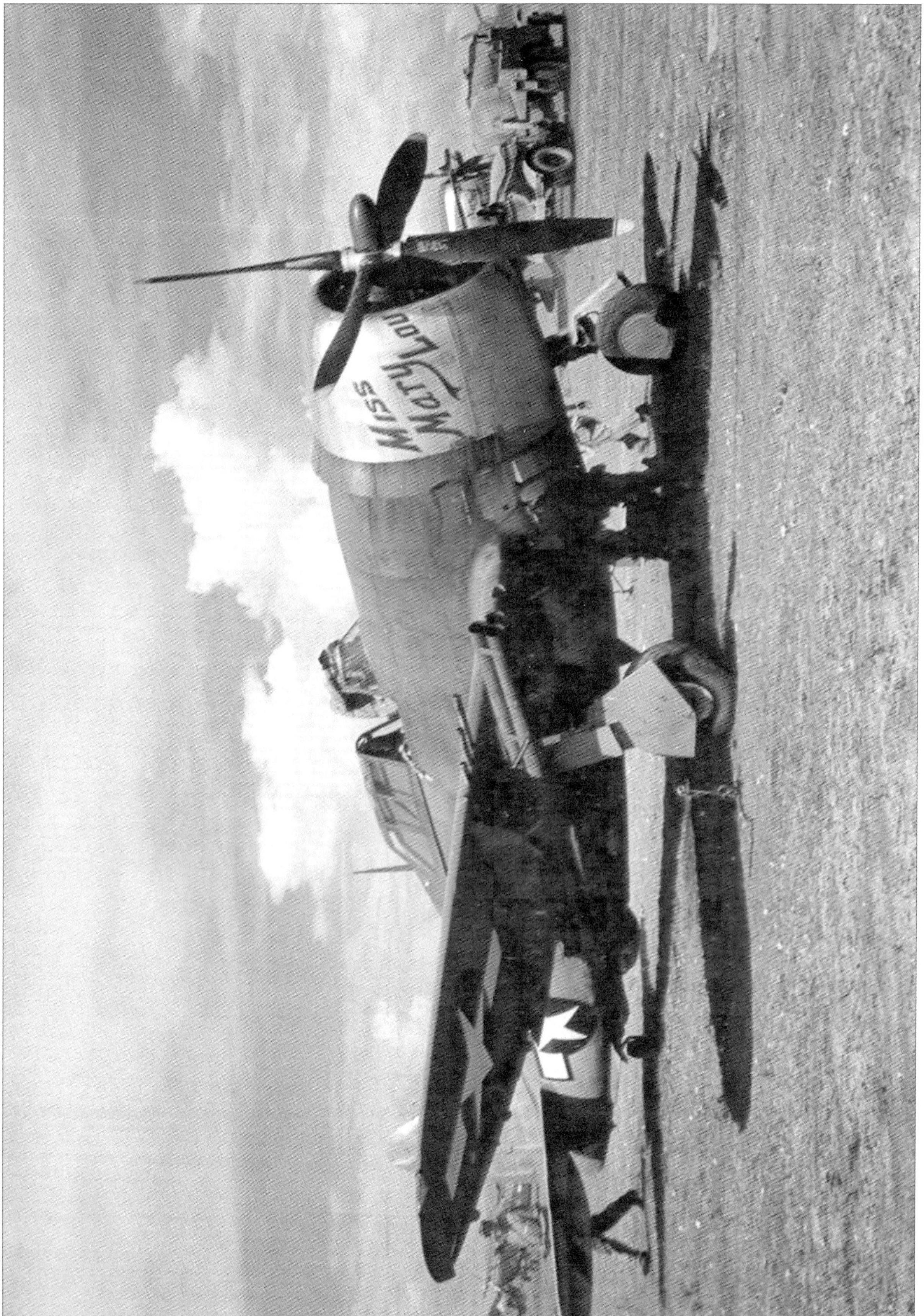
Miss
Mary Lou

P-47D-20-RA (s/n 43-25429) *Miss Mary Lou*, flown by Maj. Harry McAfee, the CO of 19th FS from mid-June 1943, and CO of 318th FG from August 1944 until the war's end.

P-47D-20-RA (n/s 43-25429) *Miss Mary Lou*, którym latał major Harry McAfee, od połowy czerwca 1943 dowódca 19. FS, a od sierpnia 1944 roku (po awansie do stopnia podpułkownika) do końca wojny całej 318. FG.

In late July 1944 McAfee and his pilots supported the Marines battling for Tinian, hitting the enemy with 1000-pounders and rocket missiles.

Pod koniec lipca 1944 roku McAfee i jego podwładni intensywnie wspierali piechotę morską w bitwie o Tinian, obrzucając przeciwnika 1000-funtowymi bombami i ostrzeliwując z wyrzutni pocisków rakietowych.

P-47D-15-RE (s/n 42-75783) *Little Rock-ette* of 19th FS / 318th FG readied for another sortie to Tinian.

P-47D-15-RE (n/s 42-75783) *Little Rock-ette* z 19. FS / 318. FG szykowany do kolejnej wyprawy nad Tinian.

P-47D-20-RA (s/n 43-25327) *Big Squaw* of 19th FS / 318th FG. Note the overpainted fuselage band and side number.

P-47D-20-RA (n/s 43-25327) *Big Squaw* z 19. FS / 318. FG. Widoczne ślady zamalowania pasa wokół kadłuba i bocznego numeru.

Big Squaw photographed before departure from Pearl Harbor, about to be hoisted aboard USS Natoma Bay.

Big Squaw sfotografowana jeszcze w Pearl Harbor, podczas załadunku na USS *Natoma Bay*.

P-47 THUNDERBOLT WITH THE USAAF IN THE MTO, ASIA AND PACIFIC

P-47D-15-RA (s/n 42-23289) *Lady Ruth*, another Thunderbolt of 19th FS / 318th FG, photographed during rearming and gun alignment.

Kolejny Thunderbolt z 19. FS / 318. FG, P-47D-15-RA (n/s 42-23289) *Lady Ruth*, sfotografowany podczas uzbrajania i synchronizacji karabinów maszynowych.

Capt. Robert Guinee of 19th FS / 318th FG by his P-47D *Big Paduzi*, which is being armed with a 130-pound bomb dedicated to Tojo, from the U.S. 7th Army Air Force.

Kapitan Robert Guinee z 19. FS / 318. FG przy swoim P-47D *Big Paduzi*, właśnie uzbrajanym w 130-funtową bombę z dedykacją dla Tojo od 7. Armii Powietrznej USAAF; Saipan, lipiec 1944.

P-47 THUNDERBOLT WITH THE USAAF IN THE MTO, ASIA AND PACIFIC

P-47D-20-RA (s/n 43-25439) *Gail Ann* of 19th FS / 318th FG; Saipan, July 1944.

P-47D-20-RA (n/s 43-25439) *Gail Ann* z 19. FS / 318. FG; Saipan, lipiec 1944.

P-47D-20-RA (s/n 43-25343) *Joey*, flown by Lt. William Mathis of 19th FS / 318th FG; Saipan, July 1944. The following year, after the group reequipped with the P-47N and moved to Ie Shima, Mathis became an ace with 5 victories.

P-47D-20-RA (n/s 43-25343) *Joey*, którym latał Lt. William Mathis z 19. FS / 318. FG; Saipan, lipiec 1944. Rok później, po przezbrojeniu jednostki na P-47N i przeprowadzce na Ie Shimę, Mathis zdążył jeszcze zostać asem z pięcioma zwycięstwami na koncie.

P-47D-20-RA (s/n 43-25324) *Bouncin Bette* of 19th FS / 318th FG, flown by Lt. Albert Schaffle.

P-47D-20-RA (n/s 43-25324) *Bouncin Bette* z 19. FS / 318. FG, ktorym latał Lt. Albert Schaffle

P-47 THUNDERBOLT WITH THE USAAF IN THE MTO, ASIA AND PACIFIC

P-47D *Air Cooled Injun*, flown by Capt. Douglas Curry of 333rd FS / 318th FG; Saipan, July 1944.

P-47D *Air Cooled Injun*, którym latał Capt. Douglas Curry z 333. FS / 318. FG; Saipan, lipiec 1944.

P-47D-28-RA (s/n 42-28511) *Princess Margie*, flown by Capt. Doug Parsons, the CO of 41st FS / 35th FG. Of note is the pre-war style of painting the rudder in stripes, introduced after invading Philippines in late 1944.

P-47D-28-RA (n/s 42-28511) *Princess Margie*, którym latał Capt. Doug Parsons, dowódca 41. FS ze składu 35. FG. Zwraca uwagę przedwojenny styl malowania steru kierunku w poziome pasy, wprowadzony pod koniec 1944 roku, po rozpoczęciu walk o Filipiny.

Thunderbolt of *Escuadrón Aéreo de Pelea 201*, Mexican P-47 squadron attached to 58th FG. Of note is the triangular national marking under port wing; Mindoro, Philippines, summer 1945.

Jeden z Thunderboltów meksykańskiego dywizjonu *Escuadrón Aéreo de Pelea 201* dołączonego do 58. FG. Zwraca uwagę trójkątne oznaczenie przynależności państwowej pod lewym skrzydłem; Mindoro, Filipiny, lato 1945 roku.

Ground crew of the Mexican squadron shackle up a 1000-pound bomb. As seen here, the Mexican Thunderbolts carried the American star under the starboard wing.

Mechanicy *Escuadrón Aéreo de Pelea 201* podwieszają 1000-funtową bombę. Pod prawym skrzydłem meksykańskie Thunderbolty nosiły amerykańską gwiazdę.

Taxiway and dispersal area of 507th FG; Ie Shima, July 1945.

Droga kołowania i miejsca postojowe Thunderboltów z 507. FG; Ie Shima, lipiec 1945.

P-47N *Loretta Margy* of 507th FG. The blue triangles on yellow tail surfaces identified 463rd FS.

P-47N *Loretta Margy* z 507. FG. Niebieskie trójkąty na żółtym ogonie były elementem rozpoznawczym 463. FS.

Thunderbolts of 507th FG; Ie Shima, July 1945.

Thunderbolty 507. FG; Ie Shima, lipiec 1945.

P-47N-1-RE (s/n 44-88104) *Sherman Was Right* of 19th FS / 318th FG; Ie Shima, August 1945.

P-47N-1-RE (n/s 44-88104) *Sherman Was Right* z 19. FS / 318. FG; Ie Shima, sierpień 1945.

The same aircraft up close. The cowl is blue, which was the squadron's color. The inscription 'Sherman Was Right' alluded to the words by the Civil War general William Sherman, who stated that 'War Is Hell'.

Ten sam samolot w zbliżeniu. Przód osłony silnika w kolorze dywizjonu, niebieskim. Napis *Sherman Was Right* („Sherman miał rację") był aluzją do słynnej wypowiedzi Williama Shermana, generała z czasów wojny secesyjnej – *War Is Hell* („wojna to piekło").

Thunderbolt units of the MTO, CBI and PTO

Mediterranean Theater of Operations
Twelfth Air Force:
27th FG – 522nd FS, 523rd FS, 524th FS
57th FG – 64th FS, 65th FS, 66th FS
79th FG – 85th FS, 86th FS, 87th FS
86th FG – 525th FS, 526th FS, 527th FS
324th FG – 314th FS, 315th FS, 316th FS
350th FG – 345th FS, 346th FS, 347th FS
Fifteenth Air Force
325th FG – 317th FS, 318th FS, 319th FS
332nd FG – 99th FS, 100th FS, 301st FS, 302nd FS

China-Burma-India
Tenth Air Force:
1st ACG – 5th FS(C), 6th FS(C)
33rd FG – 58th FS, 59th FS, 60th FS
80th FG – 88th FS, 89th FS, 90th FS
Fourteenth Air Force:
81st FG – 91st FS, 92nd FS, 93rd FS

Pacific Theater of Operations
Fifth Air Force:
8th FG – 36th FS
35th FG – 39th FS, 40th FS, 41st FS
49th FG – 9th FS
58th FG – 69th FS, 310th FS, 311th FS
348th FG – 340th FS, 341st FS, 342nd FS, 460th FS
Seventh Air Force:
15th FG – 45th FS, 47th FS, 78th FS
318th FG – 19th FS, 73rd FS, 333rd FS
508th FG – 466th FS, 467th FS, 468th FS
Twentieth Air Force:
413th FG – 1st FS, 21st FS, 34th FS
414th FG – 413th FS, 437th FS, 456th FS
507th FG – 463rd FS, 464th FS, 465th FS

In June 1945 the 318th FG introduced a uniform painting scheme for the tails of its Thunderbolts, which were painted in broad, black and yellow stripes.

W czerwcu 1945 roku 318. FG wprowadziła jednolity wzór malowania ogonów swoich Thunderboltów w szerokie, czarno-żółte pasy (zamiast odrębnych kolorów dla każdego dywizjonu).

2/Lt. Robert Stone of 333rd FS / 318th FG became an ace-in-a-day in an unusual and somewhat controversial way. On 10th June 1945, north of Kagoshima Bay, he shot down two 'Zekes'. Then he got separated from his squadron, and chased by a bunch of 'Zekes' across MItagahara airfield, where he chanced upon a Betty bomber taking off. As he flew across it, two of the pursuing fighters, caught in his slipstream, collided and crashed into the bomber. With no witnesses to confirm them, his last three victories were accepted only by the 318th FG Credit Board.

Podporucznik Robert Stone z 333. FS / 318. FG został tak zwanym asem w jeden dzień w dość niezwykły i kontrowersyjny sposób. Rankiem 10 czerwca 1945 roku na północ od zatoki Kagoshima zestrzelił dwa „Zeke". Następnie odłączył od dywizjonu i nad lotniskiem Mitagahara napotkał kolejne „Zeke". Próbując im umknąć, przeleciał nisko nad właśnie startującym bombowcem G4M Betty. W tej samej chwili dwa ścigające go myśliwce zderzyły się i runęły na pas startowy, niszcząc bombowiec. Te trzy ostatnie „zestrzelenia", z braku świadków, uznano mu tylko na szczeblu macierzystej jednostki.

P-47 THUNDERBOLT WITH THE USAAF IN THE MTO, ASIA AND PACIFIC

P-47N *Mary Jane* of 333rd FS / 318th FG; Ie Shima, July 1945. The yellow-collared nose was squadron specific.

P-47N *Mary Jane* z 333. FS / 318. FG; Ie Shima, lipiec 1945. Przód osłony silnika w kolorze dywizjonu, żółtym.

2/Lt. Ellis Wallenberg of 73rd FS / 318th FG looks in disbelief at the reminder of his scrap with Japanese fighters over Kyushu in late June 1945. He made it back to Ie Shima with canopy shot off, faltering engine and the prop blade pierced through by a 20 mm round. He was killed in action soon afterwards, on 14th July. Hit from the ground, he bailed out and was seen to fall to his death.

Podporucznik Ellis Wallenberg z 73. FS / 318. FG podziwia pamiątkę po starciu z japońskimi myśliwcami nad Kiusiu pod koniec czerwca 1945 roku. Wallenberg doleciał na Ie Shimę z rozbitą owiewką kokpitu, zacierającym się silnikiem i łopatą śmigła przestrzeloną na wylot pociskiem kalibru 20 mm. Zginął niedługo później, 14 lipca; trafiony przez ogień przeciwlotniczy, wyskoczył ze spadochronem, który zawiódł.

A 464th FS / 507th FG armourer at work, with P-47N-1-RE *Dotty* in the background; Ie Shima; August 1945.

Zbrojmistrz pracuje nad jednym z Thunderboltów 464. FS / 507. FG. W tle P-47N-1-RE *Dotty*; Ie Shima, sierpień 1945.

Thunderbolts of 347th FS, also known as the Screaming Red Ass Squadron, of 350th FG; Italy, early 1945.

Thunderbolty 347. FS, znanego też jako *Screaming Red Ass Squadron*, ze składu 350. FG; Włochy, początek 1945 roku.

86

SMI LIBRARY

M/Sgt. Robson Saldanha, a mechanic of the Brazilian *1º Grupo de Aviação de Caça*, posing by the unit's badge.
M/Sgt. Robson Saldanha, mechanik brazylijskiej *1º Grupo de Aviação de Caça*, pozuje przy godle jednostki.

Lt. Henry Stampe of 19th FS / 318th FG taking off in his P-47N-1RE (s/n 44-88074) *Bitter*; Ie Shima, summer 1945. Dark blue identified the squadron within the group.

Porucznik Henry Stampe z 19. FS / 318. FG startuje swoim P-47N-1RE (n/s 44-88074) *Bitter*; Ie Shima, lato 1945 roku. Granatowy był kolorem identyfikującym dywizjon w obrębie 318. FG.

P-47N-1-RE (s/n 44-87957) of 19th FS / 318th FG getting its guns aligned; Ie Shima, 1945. Of note is the squadron's badge below the cockpit.

P-47N-1-RE (n/s 44-87957) z 19. FS / 318. FG podczas synchronizacji uzbrojenia; Ie Shima, 1945 rok. Pod kokpitem widoczne godło dywizjonu.

SMI LIBRARY

P-47D-23-RA (n/s 42-27995) of 311th FS / 58th FG cruising over Luzon, Philippines, in April 1945.

P-47D-23-RA (n/s 42-27995) z 311. FS / 58. FG w locie nad wyspą Luzon na Filipinach; kwiecień 1945.

Rows of Thunderbolts and other aircraft of 5th AF, no longer needed, stored at Clark Field in the Philippines after the war.

Nikomu już niepotrzebne Thunderbolty stoją wśród innych samolotów 5. AF w bazie Clark Field na Filipinach po zakończeniu wojny.

P-47 THUNDERBOLT WITH THE USAAF IN THE MTO, ASIA AND PACIFIC

DECALS

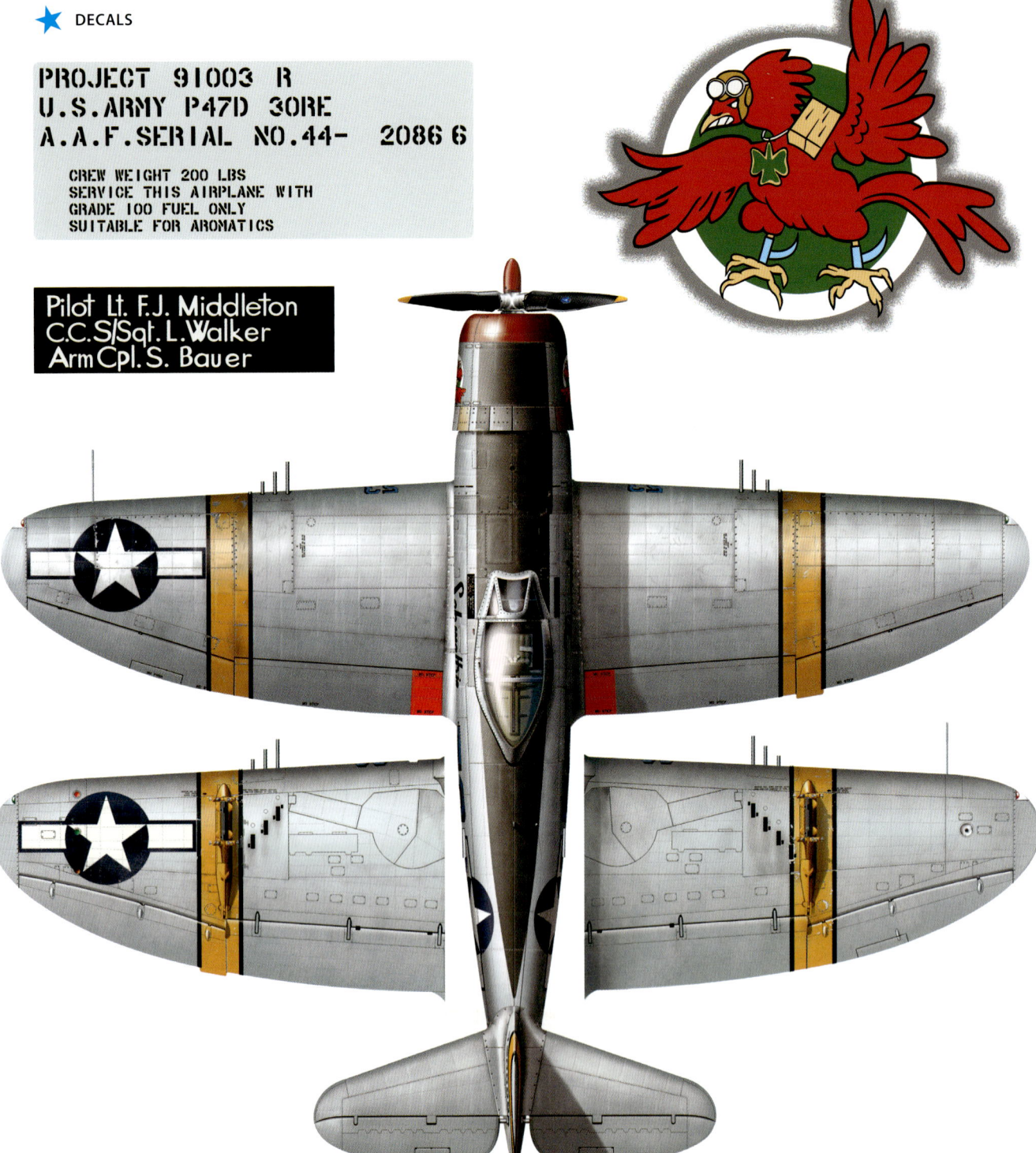

```
PROJECT 91003 R
U.S.ARMY P47D 30RE
A.A.F.SERIAL NO.44-  20866
   CREW WEIGHT 200 LBS
   SERVICE THIS AIRPLANE WITH
   GRADE 100 FUEL ONLY
   SUITABLE FOR AROMATICS
```

Pilot Lt. F.J. Middleton
C.C.S/Sgt. L.Walker
Arm Cpl. S. Bauer

P-47D-30-RE (s/n 44-20866) double-named *Schmaltzie/Mercedes*, flown by Lt. Frank 'Duffy' Middleton of 65th FS 'Fighting Cocks' / 57th FG; Corsica, summer 1944. Stationed in Corsica, 57th FG operated mainly over northern Italy. The red fighting cock on the engine cowling was the squadron's emblem. Front cowling and propeller hub are red, alternate cowl flaps yellow, side number blue in black outline, wing and tail bands yellow, black-outlined. Note a 500-lb bomb slung under wing and a 75-gal auxiliary tank on centreline rack.

P-47D-30-RE (n/s 44-20866) o podwójnym imieniu *Schmaltzie/Mercedes*, którym latał Lt. Frank „Duffy" Middleton z 65. FS „Fighting Cocks" / 57. FG; Korsyka, lato 1944 roku. Po przeniesieniu na Korsykę 57. FG operowała głównie nad północnymi Włochami. Na okapotowaniu silnika godło dywizjonu. Kołpak i przednia część okapotowania czerwone, co druga klapka żaluzji silnika żółta, numer boczny niebieski z czarnym obrysem, pasy na ogonie i skrzydłach żółte z czarnym obrysem. Pod kadłubem odrzucany zbiornik na 75 galonów paliwa, a pod skrzydłem 500-funtowa bomba.

90

SMI LIBRARY

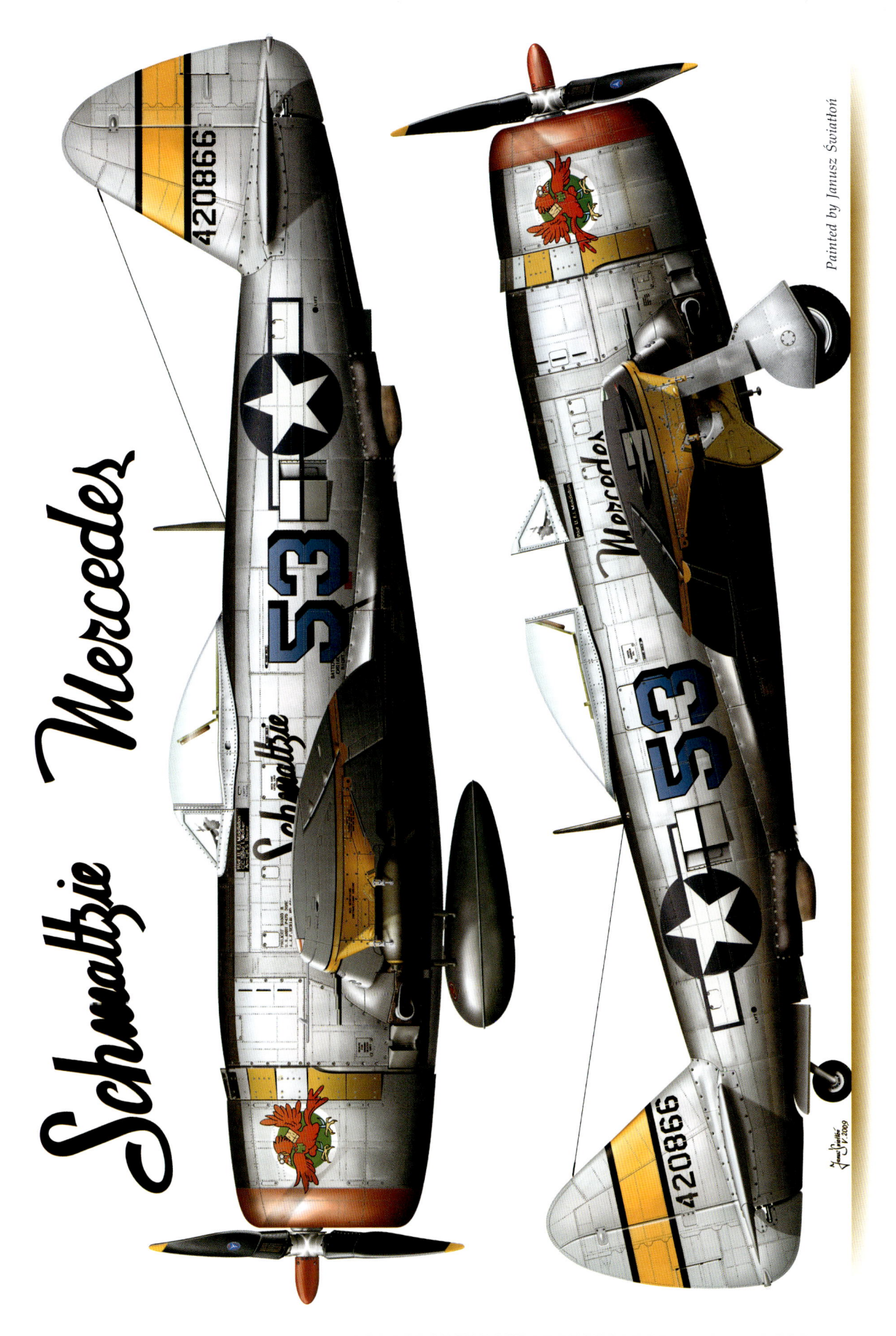

P-47 THUNDERBOLT WITH THE USAAF IN THE MTO, ASIA AND PACIFIC

91

DECALS

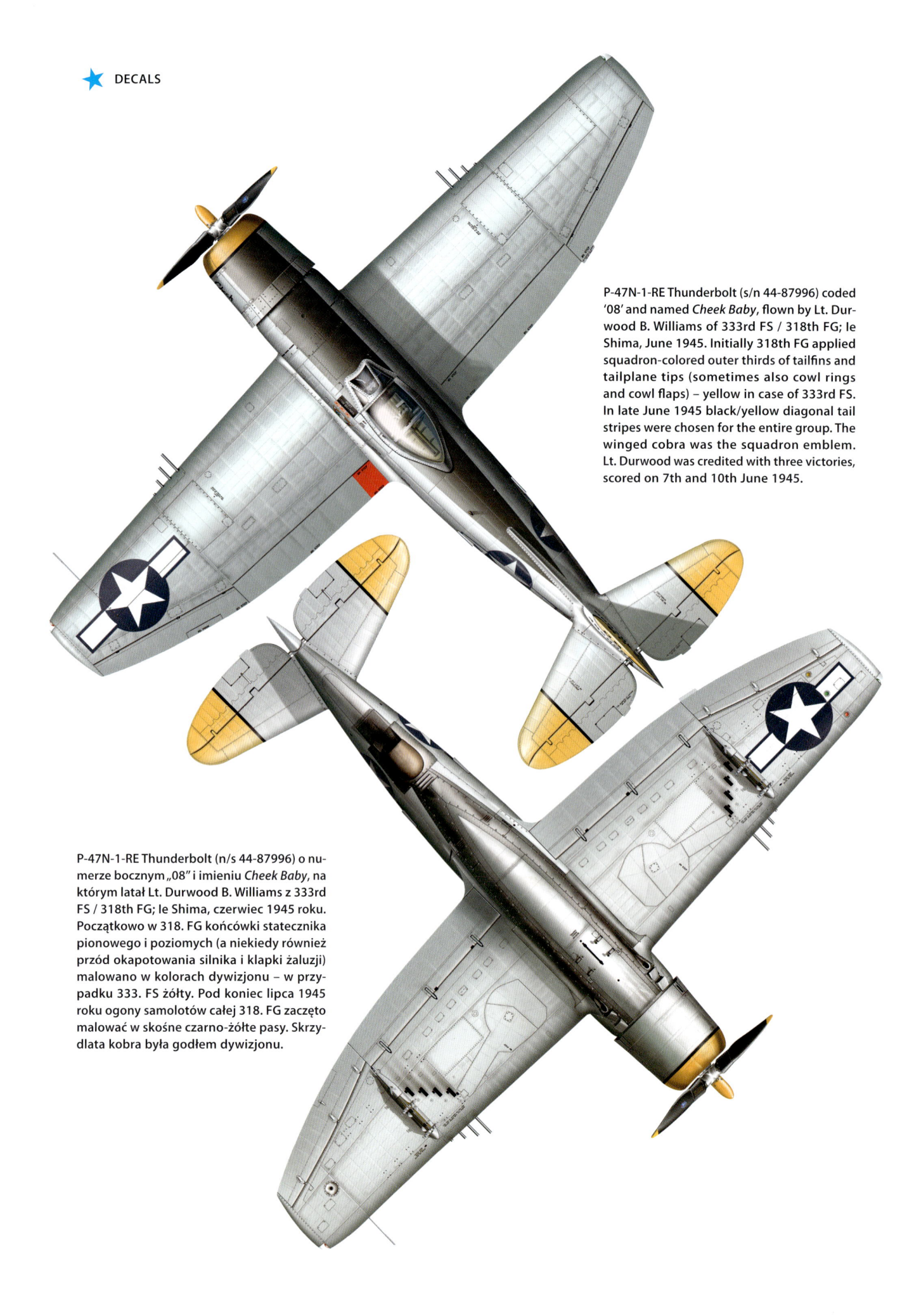

P-47N-1-RE Thunderbolt (s/n 44-87996) coded '08' and named *Cheek Baby*, flown by Lt. Durwood B. Williams of 333rd FS / 318th FG; Ie Shima, June 1945. Initially 318th FG applied squadron-colored outer thirds of tailfins and tailplane tips (sometimes also cowl rings and cowl flaps) – yellow in case of 333rd FS. In late June 1945 black/yellow diagonal tail stripes were chosen for the entire group. The winged cobra was the squadron emblem. Lt. Durwood was credited with three victories, scored on 7th and 10th June 1945.

P-47N-1-RE Thunderbolt (n/s 44-87996) o numerze bocznym „08" i imieniu *Cheek Baby*, na którym latał Lt. Durwood B. Williams z 333rd FS / 318th FG; Ie Shima, czerwiec 1945 roku. Początkowo w 318. FG końcówki statecznika pionowego i poziomych (a niekiedy również przód okapotowania silnika i klapki żaluzji) malowano w kolorach dywizjonu – w przypadku 333. FS żółty. Pod koniec lipca 1945 roku ogony samolotów całej 318. FG zaczęto malować w skośne czarno-żółte pasy. Skrzydlata kobra była godłem dywizjonu.

P-47 THUNDERBOLT WITH THE USAAF IN THE MTO, ASIA AND PACIFIC

93

P-47D (s/n and sub-variant unknown) named *Topper*, flown by Lt. Warren F. Penny of 317th FS / 325th FG; San Pancrazio, March 1944. It was reportedly the only natural metal finish P-47 to see service with the 325th FG. The black and yellow checks on the tail were the ID markings of the group, better known as the 'Checkertail Clan'. Front cowling and propeller hub are red, side number black, the pilot's individual emblem black and white.

P-47D (numer seryjny i wersja nieznane) o imieniu *Topper*, którym latał Lt. Warren F. Penny z 317. FS / 325. FG; San Pancrazio, marzec 1944 roku. Był to jedyny P-47 w naturalnym kolorze metalu używany przez tę jednostkę. Żółto-czarna szachownica na ogonie była elementem rozpoznawczym 325. FG, stąd jej popularny przydomek *Checkertail Clan*. Kołpak i przednia część okapotowania silnika czerwone, numer boczny czarny, godło pilota czarno-białe.

P-47 THUNDERBOLT WITH THE USAAF IN THE MTO, ASIA AND PACIFIC

95

★ DECALS

Artwork caption can be found on the back cover.

Painted by Janusz Światłoń

Passionate Patsy

**PROJECT
U.S.ARMY P47D-28-RA
A.A.F.SERIAL NO.44-87996
CREW WEIGHT 200 LBS
SERVICE THIS AIRPLANE WITH
GRADE 100 FUEL ONLY
SUITABLE FOR AROMATICS**

P-47D-28-RA Thunderbolt (n/s 42-29091) o numerze bocznym „42" i imieniu *Passionate Patsy*, na którym latał Lt. Ralph Barnes z 310. FS / 58. FG. Żółty panel okapotowania silnika z nose-art'em został przeniesiony z innego Thunderbolta. Ster kierunku w charakterystyczne, biało--czerwone pasy, używane przez USAAC jeszcze w okresie przedwojennym. Wokół tylnej części kadłuba i skrzydeł czarne pasy, typowe dla myśliwców 5. AF.

Tomasz Szlagor

P-47 Thunderbolt
with the USAAF
in the MTO, Asia and Pacific

KAGERO

P-47 Thunderbolt with the USAAF in the MTO, Asia and Pacific
Tomasz Szlagor

First edition • LUBLIN 2013

Photo credits/zdjęcia: **SDAM, James Crow, NARA**

Colour plates/sylwetki barwne: **Janusz Światłoń**
DTP: **Marcin Wachowicz KAGERO STUDIO**

ISBN: 978-83-62878-67-3

© All rights reserved. With the exception of quoting brief passages for the purposes of review, no part of this publication may be reproduced without prior written permission from the Publisher

Oficyna Wydawnicza KAGERO • e-mail: kagero@kagero.pl, marketing@kagero.pl
Editorial office, Marketing, Distribution: KAGERO Publishing Sp. z o.o.,
Akacjowa 100, os. Borek – Turka, 20-258 Lublin 62, Poland, phone/fax +4881 501 21 05
www.kagero.pl